INFOGRAPHIC！

丈量宇宙

一眼秒懂全宇宙！

100 幅視覺資訊圖表，穿梭 140 億年星際太空

Cosmos: The infographic book of space

斯圖爾特·樓（Stuart Lowe）
克里斯·諾斯（Chris North）／著
蔡承志／譯

丈量宇宙：

INFOGRAPHIC！一眼秒懂全宇宙！100幅視覺資訊圖表，穿梭140億年星際太空

Cosmos: The Infographic Book of Space

作　　者　斯圖爾特·樓、克里斯·諾斯／Stuart Lowe & Chris North
譯　　者　蔡承志
封面設計　莊謹銘
內頁排版　高巧怡
行銷企劃　林芳如
行銷統籌　駱漢琦
業務發行　邱紹溢
業務統籌　郭其彬
責任編輯　溫芳蘭
副總編輯　何維民
總 編 輯　李亞南

發 行 人　蘇拾平
出　　版　漫遊者文化事業股份有限公司
地　　址　台北市松山區復興北路三三一號四樓
電　　話　(02) 2715-2022
傳　　真　(02) 2715-2021
讀者服務信箱　service@azothbooks.com
漫遊者臉書　www.facebook.com/azothbooks.read
劃撥帳號　50022001
戶　　名　漫遊者文化事業股份有限公司

發　　行　大雁文化事業股份有限公司
地　　址　台北市松山區復興北路三三三號十一樓之四

初版一刷　2016年10月
定　　價　台幣699元
I S B N　978-986-93104-5-1

Cosmos: the Infographic Book of Space
Copyright © Stuart Lowe and Chris North 2015
First published 2015 by Aurum Press Ltd
Designed by Founded. (www.wearfounded.com)
Complex Chinese translation Copyright © 2016 by Azoth Books Co., Ltd.
ALL RIGHTS RESERVED

國家圖書館出版品預行編目(CIP)資料
丈量宇宙:INFOGRAPHIC！一眼秒懂全宇宙！100幅視覺資訊圖表，穿梭140
億年星際太空/ 斯圖爾特.樓 (Stuart Lowe)，克里斯.諾斯(Chris North)著；蔡
承志譯. -- 初版. -- 臺北市：漫遊者文化出版：大雁文化發行, 2016.10
　　面；　公分
譯自：Cosmos : the infographic book of space
ISBN 978-986-93104-5-1(精裝)
1.宇宙
323.9　　　　　　　　　　　　　　　　　　　　　　105007283

目次

緒論

太空和天文學是真正能夠激發想像力的題材——在筆者的早年時代，這些學問都產生了這樣的作用。許多細部解釋看來都顯得很複雜，有時還相當難以捉摸，不過就某種程度而言，這當中的基本理念對我們所有人來說，其實都算耳熟能詳。宇宙的尺度和距離，大概只能形容成浩瀚無比，難以想像，而且單只是寫出巨大的數值，也不見得有幫助。

本書嘗試以視覺資訊圖表來展現這些進程和概念，讓讀者能夠輕鬆看出這些理念，確保細節無所遁形。若有可能，我們都盡量依比例尺寸來顯示資料。舉例來說，在「奔向月球」一文（見26頁）中，地球、月球和月球軌道的大小都依比例尺呈現。然而，由於天文學所涉尺寸和理念的範圍廣闊無比，頁面大小卻有局限，所以也不見得都能這樣做。因此有時我們用上對數尺度，遇到最極端情況時，還完全以抽象形式來呈現比例。

我們的課題含括從人類對地球和月球的探勘，到星系如何散置全宇宙，遍布數十億光年幅員；從製造望遠鏡來觀測天空，到人類如何嘗試與外星文明接觸。不論你對太空和天文有什麼認識，肯定有某些事項能引發各位的興趣。

書中的圖表都盡可能以最新近的知識和研究為本。多數資料組合到二〇一四年年尾都依然有效。就本質而論，凡是積極研究蓬勃發展的學科，都會不斷成就新發現，本書付印之時，我們的知識非常可能已經過時，這門學科也是如此。我們會持續關注最新現況，並針對部分圖表資料提供互動版本，網址：cosmos-book.github.io。

由於我們兩人都是天文學家，從事的專業研究相對局限，所以書中某些領域起初對我們來說相當新鮮。然而，我們都非常喜愛大眾領域的天文學交流訊息，從網路播客和網頁，到收音機和電視節目。這種延伸論述幾乎遍及天文學領域的所有範疇，不過儘管有這種經歷，我們兩人在編纂本書期間，仍然學到許許多多事情。撰寫本書為我們帶來喜悅，希望各位閱讀時也能享受同等的喜悅！

斯圖爾特·樓（Stuart Lowe）
克里斯·諾斯（Chris North）
二〇一五年三月

第一章／太空探索

發射載具

如果你希望把某種東西射上太空，你有許許多多不同的選擇，範圍從政府太空總署到私營公司機構皆可考慮。至於成本則取決於你想送多少東西上去，希望送多遠，還有你願意承擔的風險。

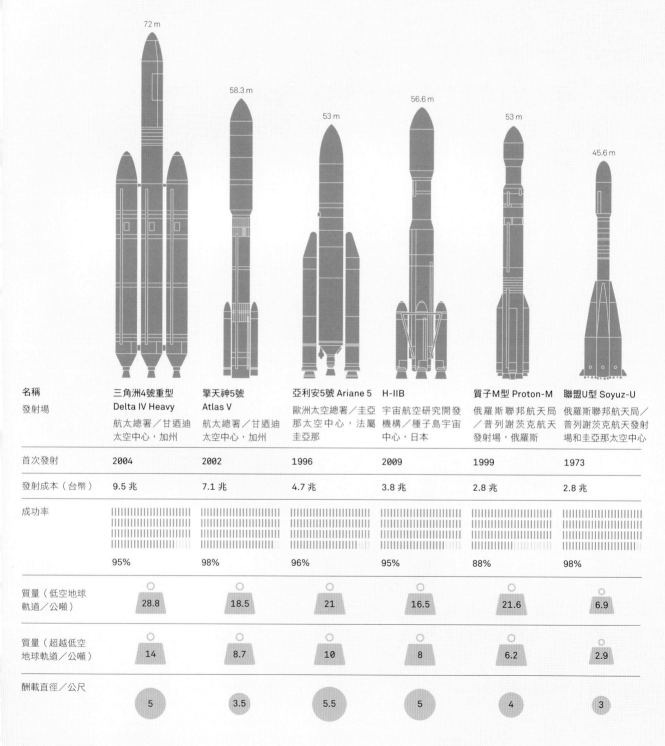

名稱	三角洲4號重型 Delta IV Heavy	擎天神5號 Atlas V	亞利安5號 Ariane 5	H-IIB	質子M型 Proton-M	聯盟U型 Soyuz-U
發射場	航太總署／甘迺迪太空中心，加州	航太總署／甘迺迪太空中心，加州	歐洲太空總署／圭亞那太空中心，法屬圭亞那	宇宙航空研究開發機構／種子島宇宙中心，日本	俄羅斯聯邦航天局／普列謝茨克航天發射場，俄羅斯	俄羅斯聯邦航天局／普列謝茨克航天發射場和圭亞那太空中心
首次發射	2004	2002	1996	2009	1999	1973
發射成本（台幣）	9.5 兆	7.1 兆	4.7 兆	3.8 兆	2.8 兆	2.8 兆
成功率	95%	98%	96%	95%	88%	98%
質量（低空地球軌道／公噸）	28.8	18.5	21	16.5	21.6	6.9
質量（超越低空地球軌道／公噸）	14	8.7	10	8	6.2	2.9
酬載直徑／公尺	5	3.5	5.5	5	4	3

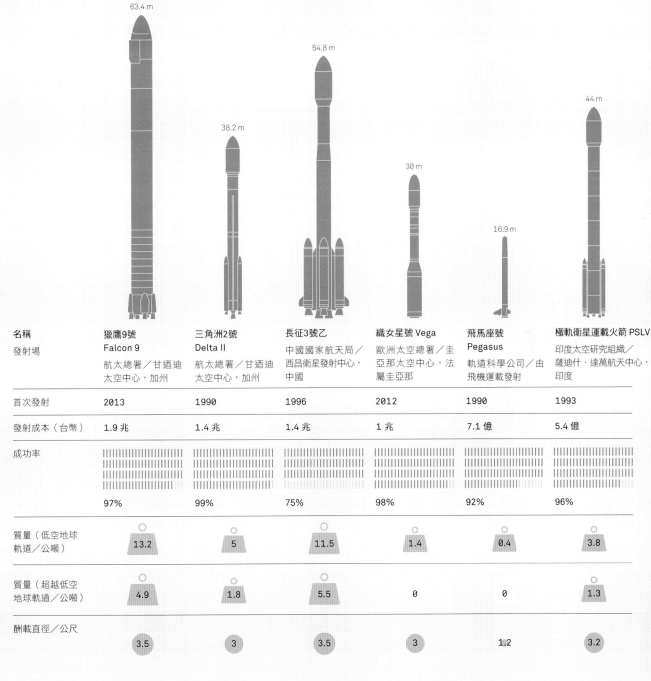

名稱 發射場	獵鷹9號 Falcon 9 航太總署／甘迺迪 太空中心，加州	三角洲2號 Delta II 航太總署／甘迺迪 太空中心，加州	長征3號乙 中國國家航天局／ 西昌衛星發射中心， 中國	織女星號 Vega 歐洲太空總署／圭 亞那太空中心，法 屬圭亞那	飛馬座號 Pegasus 軌道科學公司／由 飛機運載發射	極軌衛星運載火箭 PSLV 印度太空研究組織／ 薩迪什·達萬航天中心， 印度
首次發射	2013	1990	1996	2012	1990	1993
發射成本（台幣）	1.9兆	1.4兆	1.4兆	1兆	7.1億	5.4億
成功率	97%	99%	75%	98%	92%	96%
質量（低空地球 軌道／公噸）	13.2	5	11.5	1.4	0.4	3.8
質量（超越低空 地球軌道／公噸）	4.9	1.8	5.5	0	0	1.3
酬載直徑／公尺	3.5	3	3.5	3	1.2	3.2

牠們的一小步……

人類並不是唯一冒險上太空的物種，甚至連第一個都不是。第一次有紀錄的太空飛行是在一九四七年進行。當時的先驅太空人是果蠅，而且牠們還活著回來了。到了一九四九年，頭一批太空猴也尾隨升空，不過直到一九五九年，艾伯兒（Able）和蓓克（Baker）才成為第一批從太空飛行生還的猴子。第一批熬過真正太空飛行情境的哺乳動物是一九五一年升空的小鼠。緊接其後是狗，牠們在一九五一年成功上了太空，接著在一九五七年完成第一趟繞軌飛行。一九六一年三月，一群小鼠（加上青蛙、天竺鼠和昆蟲）領先人類數週，成為第一批成功繞行地球軌道的動物。

一九六八年九月，阿波羅8號升空前三個月，探測器5號頭一次搭載地球生靈繞月飛行並平安返回地球。船員包括一隻陸龜、一些酪蠅與黃粉蟲。

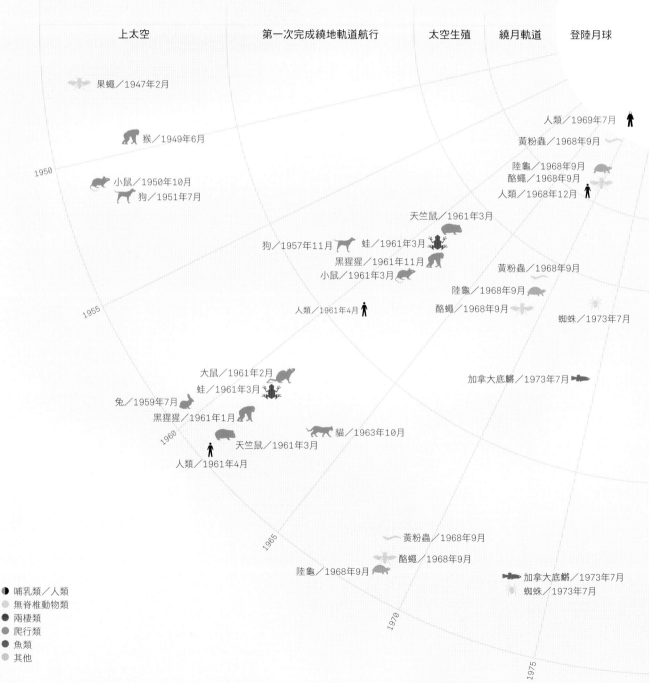

守宮／2013年4月　　長爪沙漠鼠／2013年4月

長爪沙漠鼠／2013年4月
守宮／2013年4月

蟑螂／2007年9月

緩步動物／2007年9月／
熬過太空真空十天後生還

蝴蝶幼蟲／2009年11月

2010

蟑螂／2007年9月

螞蟻／2003年1月

加拿大底鱂／1994年7月

蠶／2003年1月

蜂／2003年1月

蟑螂／2007年9月　　緩步動物／2007年9月

蠍／2007年6月

水母／1991年6月／
第一種在太空中繁殖的
動物。約2千4百隻升
空，6萬隻返航

線蟲／2003年1月／
熬過哥倫比亞號太空梭災難
存活下來

蠶／2003年1月

2005

蠑螈／1985年7月

線蟲／2003年1月

蜂／2003年1月

螞蟻／2003年1月

水母／1991年6月

2000

水母／1991年6月

1995

蠑螈／1985年7月

1990

1985

011

人類的太空飛行

人類第一次上太空（定義：抵達地表上空一百公里處）由蘇聯太空人尤里·加加林（Yuri Gagarin）在一九六一年實現。隨後第一位女性在一九六三年升空——蘇聯的范倫蒂娜·泰勒斯可娃（Valentina Tereshkova）。阿波羅時代登上太空的人數還完全稱不上高峰，到了和平號太空站與太空梭計畫時期，這個數字在一九八〇和一九九〇年代仍然逐步攀升。自從二〇〇〇年十月三十一日起，人類就持續待在太空，棲身永久有人值班的國際太空站。

考量上太空要面臨的凶險，至今相關死亡案例所幸仍屬少數。一九六七年，弗拉基米爾·科馬洛夫（Vladimir Komarov，蘇聯）重返時因降落傘故障墜地身亡。格奧爾基·多布羅沃爾斯基（Georgi Dobrovolski，蘇聯）、維克托·帕察耶夫（Viktor Patsayev，蘇聯）和弗拉季斯拉夫·沃爾科夫（Vladislav Volkov，蘇聯）都在一九七一年喪生，事發之前，他們才剛脫離禮炮1號太空站，準備返回地球。挑戰者號太空梭在一九八六年發射時爆炸，罹難組員包括：格雷格·賈維斯（Greg Jarvis，美國）、克麗斯塔·麥考利芙（Christa McAuliffe，美國）、羅納德·麥克內爾（Ronald McNair，美國）、鬼塚承次（Ellison Onizuka，美國）、茱蒂絲·雷斯尼克（Judith Resnik，美國）、邁克爾·史密斯（Michael Smith，美國）和迪克·斯科比（Dick Scobee，美國）。二〇〇三年，哥倫比亞號太空梭重返時由於隔熱磚受損解體失事，罹難組員包括：邁克爾·安德森（Michael Anderson，美國）、大衛·布朗（David Brown，美國）、卡爾帕娜·喬拉（Kalpana Chawla，美國）、勞蕾爾·克拉克（Laurel Clark，美國）、里克·哈斯班（Rick Husband，美國）、威廉·麥庫爾（William McCool，美國）和伊蘭·拉蒙（Ilan Ramon，以色列）。兩起太空梭事故都導致人類中斷太空飛行，投入調查起因。

👧 女性　👨 男性　👤 死亡
姓名、國籍｜首開先例，依國別註記

	1961
	1962
范倫蒂娜·泰勒斯可娃，蘇聯 1 👧	1963
	1964
	1965
	1966
	1967
	1968
美國阿波羅11號／1969	1969
	1970
	1971
太空實驗室／啟用	1972
	1973
	1974
	1975
	1976
	1977
	1978
太空實驗室／停用	1979
	1980
	1981
1 👨	1982
	1983
茱蒂絲·雷斯尼克，美國 4 👧 ｜ 👨	1984
3 👨👨👨	1985
和平號太空站／啟用 挑戰者號災難／1986	1986
	1987
	1988
4 👨👨👨👨	1989
3 👨👨👨	1990
海倫·沙曼（Helen Sharman），英國 6 👧 ｜ 👨👨👨👨👨	1991
8 👨👨👨👨👨👨👨👨	1992
7 👨👨👨👨👨👨👨	1993
向井千秋（Chiaki Mukai），日本 8 👧 ｜ 👨👨👨👨👨👨👨	1994
10 👨👨👨👨👨👨👨👨👨👨	1995
克洛荻·艾涅爾（Claudie Haigneré），法國 5 👧 ｜ 👨👨👨👨	1996
10 👨👨👨👨👨👨👨👨👨👨	1997
國際太空站／啟用 6 👨👨👨👨👨👨	1998
5 👨👨👨👨👨	1999
4 👨👨👨👨	2000
和平號太空站／停用 5 👨👨👨👨👨	2001
4 👨👨👨👨	2002
哥倫比亞號災難／3 👤👤	2003
	2004
2 👨👨	2005
7 👨👨👨👨👨👨👨	2006
5 👨👨👨👨👨	2007
5 👨👨👨👨👨	2008
3 👨👨👨	2009
4 👨👨👨👨	2010
2 👨👨	2011
劉洋（Yang Liu），中國 1 👧	2012
1 👨	2013
2 👨👨	2014

4 尤里·加加林，蘇聯、艾倫·雪帕德（Alan Shepard），美國

5

2

3

11

9

1

7

23 尼爾·阿姆斯壯（Neil Armstrong），美國

5

12

6

16

6

8

6

8

10 西格蒙德·雅恩（Sigmund Jähn），德國

4

13

10

15 讓-盧普·克雷蒂安（Jean-Loup Chrétien），法國

24

31

53

9

10

22

25

35 秋山豊 （Toyohiro Akiyama），日本

34

51 佛朗哥·馬萊爾巴
（Franco Malerba），義大利

40

43

40

43

51

33

15

33

41

35

11 楊利偉（Liwei Yang），中國

6

14

22

21

36

42

26

27

15

16

9

穿梭時空

太空旅行在二十世紀脫離了科幻領域，如今幾乎已經成為例行公事，不過目前仍局限於低空地球軌道。太空人經常一上軌道就逗留好幾個月。他們以軌道速度繞行地球，一天就飛十六圈，跨越遼闊距離。以軌道速度飛行具有一種很有趣的特徵，時間流逝會比我們在地表稍慢，結果太空人就會比他們留在家裡的情況稍微年輕一些。這種作用很微小（最多25毫秒），不過已經可以和百米短跑世界前六名最快選手的差距相提並論。

A　尼爾・阿姆斯壯（Neil Alden Armstrong），美國／首航1966／
　　太空逗留天數8.58／率先在月球上行走的第一人。

B　愛德華・芬克（Edward Michael Fincke），美國／首航2004／
　　太空逗留天數381.63／在太空逗留最久的美國人——381.63天。

C　尤里・加加林，蘇聯／首航1961／
　　太空逗留天數0.08／第一個上太空的人——1961年。

D　謝爾蓋・克里卡列夫，蘇聯／首航1988／
　　太空逗留天數803.4／在太空中逗留時間最長——803.4天。

E　瓦列里・波利亞科夫（Valeri Vladimirovich Polyakov），蘇聯／首航1988／
　　太空逗留天數678.69／單次飛行時間最長，達437.75天。

F　查爾斯・西蒙尼（Charles Simonyi），匈牙利／首航2007／
　　太空逗留天數26.6／在太空逗留最久的太空旅客。

G　阿納托利・索洛維約夫（Anatoli Yakovlevich Soloviyov），蘇聯／首航1988／
　　太空逗留天數651／太空漫步時間最長——68小時44分鐘。

H　丹尼斯・蒂托（Dennis Tito），美國／首航2001／
　　太空逗留天數7.92／第一位太空旅客。

I　若田光一（Koichi Wakata），日本／首航1996／
　　太空逗留天數238.24／在太空中逗留時間最長的國際太空人——238.24天。

J　佩姬・惠特森（Peggy Annette Whitson），美國／首航2002／
　　太空逗留天數376.72／在太空逗留時間最長的女性——376.72天。

K　楊利偉，中國／首航2003／
　　太空逗留天數0.89／第一位中國航天員。

● 美國太空人
● 俄羅斯太空人
● 中國航天員
● 國際太空人
● 太空旅客

C

K

太空逗留天數0.1天　　　　　　　　　　　　　　　　1天

A

B

D

E

F

G

H

I

J

10天   100天   1000天

015

太空求生術

電視和電影中若有人突然曝露於太空真空情境，往往就會爆炸或瞬間凍死。這些情節都不會發生，而且人也不會瞬間死亡。根據動物（包括人類）試驗，還有在地面壓力艙和太空飛行時發生的事故，我們對於可能發生什麼現象已經有些許認識。

- **你不會凍死**／你不會馬上凍結。太空是相當好的絕緣體，完全沒有傳導／對流。在陽光下循軌道繞行地球時，你的能量放射有可能比在室溫下稍快。你會慢慢冷卻。
- **血液不會沸騰**／除非你陷入深度昏迷，否則血壓仍會夠高，所以不會沸騰。
- **曬傷**／倘若你沒有防護裝具，陽光紫外輻射就會造成非常嚴重的曬傷。
- **局部曝露**／倘若只有部分身體曝露，你的活命機會就多一些。一九六〇年，小約瑟夫·基廷格（Joe Kittinger Jr）在高空氣球飛行時右手曝露於低壓狀況，右手腫脹至兩倍大，不過幾個小時之後就恢復正常。
- **聲音**／空氣一開始流失，你就聽不到任何聲音。
- **腹部窘迫**／腹內氣體膨脹有可能引發疼痛。建議有多餘空氣就排放出來。
- **太空船穿孔**／假定你的太空船容積為十立方米，船身出現一平方公分的破口，氣壓有可能在約六分鐘內就降到半個大氣壓，這時就會引發嚴重缺氧狀況。

從爆炸性失壓瞬間開始，你必須在約六十至九十秒內回到加壓大氣環境才能活命。時間緊迫……

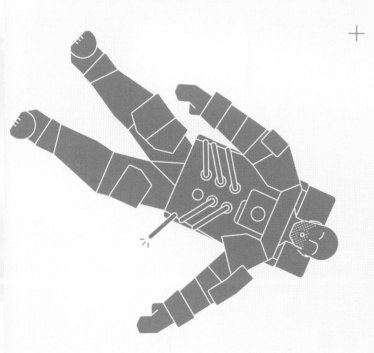

B

由於休克，一開始你的心跳會加速。腎上腺素一湧現就會讓你加速氧氣消耗。保持鎮靜。不過說是一回事，真遇上了，肯定不會那麼容易。

A

頭一件該做的事是把空氣呼出來。否則肺中和消化道中的氣體就會膨脹，導致肺破裂終至死亡。

失壓超過九十秒，肺部就會遭受重
大損壞，引致重度出血和嚴重腦
傷。

若是能在六十至九十秒內重新增壓，你就有
可能存活。然而，倘若心臟作用停頓，恐怕
你就死定了。若是在九十秒內重新增壓，你
的肺部就只會受到輕微至中度損傷。

接近十四秒時，由於壓力降低，水的沸點下
降，你口中的水分會蒸發。倘若你的意識依然
清楚，你會感覺到刺痛感。氣體和水蒸汽繼續
從你的口、鼻流出，導致這些部位降溫至接近
凍結。

一分鐘過後，靜脈管中壓力超過動脈血
壓，血液循環基本上就此停頓。

到了十五秒時，缺氧血就會流到腦部。
這時你就會失去意識，生死就看有沒有
旁人對你伸援。

由於壓力很低，血中的氮會凝成氣
泡。

約十秒後你就會開始出現減壓症。

你的柔軟組織的水分蒸發，於是你就會腫
到兩倍大。假使你熬了過來，你應該就會
恢復常態。合身的彈性服裝可以協助對
抗、舒緩這種腫脹現象。瘀血大概是免不
了的，不過人體皮膚夠堅韌，不致破裂，
所以你不會爆炸。

你在五到十一秒內就會開始失去意識，
所以要善加利用。不過積極活動會加速
消耗氧氣。

發射場

火箭移動得非常快,卻不必然都向上飛得非常遠。畢竟,多數衛星的高度都只達幾百公里,繞地移行速度卻能超過每小時兩萬公里。它們也不是非常容易就能改變方向,所以發射進入正確方向就非常重要了。地球赤道的向東自轉速度超過每小時1千6百公里。許多發射場都很接近赤道,善用這種「免費的」加速器,來減少進入環赤道軌道所需燃料量。為避免傷及人員、資產,多數發射作業都在海面上進行。

美國

卡納維爾角(Cape Canaveral,甘迺迪太空中心的座落地點)號稱舉世最著名的發射場。儘管這裡是升空進入國際太空站軌道的理想場地,卻不能用來登上繞極軌道。這類作業得在加州范登堡空軍基地進行。美國還在世界各地經營其他好幾處發射場。

運載飛機,美國

軌道科學公司的飛馬座號火箭吊掛在運載飛機底下,可用來朝幾乎任意方向發射小型酬載。

科迪亞克島,美國

范登堡空軍基地,美國

沃洛普斯飛行設施,美國

卡納維爾角,美國

運載飛機,美國

哈馬吉爾,阿爾及利亞

圭亞那太空中心,
法屬圭亞那

總發射次數 > 1000

500

100

20

< 10

發射次數,依軌跡別

圭亞那太空中心

自一九七〇年起,這裡就一直是歐洲的發射場,要進入環赤道軌道或環極軌道都可以從這裡升空。它取代了歐洲許多國家自己的發射場。

100

50

20

< 5

> 100

俄羅斯

俄羅斯沒有任何海岸發射場，不過該國的火箭可以從北方無人地帶發射。第一位上太空的加加林，是從哈薩克斯坦的貝科奴發射升空，如今前往國際太空站的載人任務，全都從這裡發射。

普列謝茨克航天發射場，俄羅斯

杜巴羅夫斯基航天發射場，俄羅斯

卡普斯京亞爾航天發射場，俄羅斯

斯沃博德內航天發射場，俄羅斯

太原衛星發射中心，中國

西海衛星發射場，北韓

貝科奴航天發射場，哈薩克斯坦

羅老宇宙中心，南韓

塞姆南太空中心，伊朗

帕勒馬希姆空軍基地，以色列

酒泉衛星發射中心，中國

種子島宇宙中心，日本

雷根試驗場，馬紹爾群島

西昌衛星發射中心，中國

雷根試驗場，馬紹爾群島

斯里哈里科塔試射場，印度

赤道

布羅里奧太空發射平台，肯亞

中國、日本和印度

日本的太空計畫在一九六〇年代展開，中國和印度則都是在一九七〇年代啟動。中國沒有海岸發射場，只能從（比較）無人棲居的地帶發射火箭。

武麥拉火箭試驗場，澳洲

武麥拉火箭試驗場

從一九六九到一九七一年，英國使用澳洲的武麥拉火箭試驗場來發射黑箭號運載火箭。當時只成功發射兩次，隨後計畫取消，於是英國成為世上唯一啟動了太空飛行計畫之後又取消的國家。

軌道

衛星在不同高低軌道上繞地運行，從距地表數百公里至數萬公里不等。

H ▬◆▬

(H) 高橢圓軌道／500枚衛星

有些通訊和天文衛星位於極度拉長的軌道上，能抵達和地球相隔極遠的地方。

高度可達100,000公里
週期／2–20小時

＜太陽，相隔149,600,000公里

◆◆ G

(G) 地球同步軌道／1,000枚衛星

只要衛星位於赤道上空正確高度，其繞地速率就能等於地球自轉速率，也就能停留在地表同一定點的上空。

高度／36,000公里
週期／23小時56分鐘

有些天文衛星還能到達離地球更為遙遠的地方。太陽觀測衛星往往能航行到第一拉格朗日點（L1），這裡是朝太陽航行150萬公里處的重力甜蜜點（gravitational sweet spot）。觀測遙遠宇宙的太空船，一般都航行到L2，這個定點位在反向等距離之外。目前有好幾枚脫離地球軌道，在前方或後方亦步亦趨繞日運行，並隨歲月漸飄漸遠。

＜太陽，相隔149,600,000公里

日－地L1／3枚衛星 ▬◆▬

高度／1,500,000公里
週期／365.25天

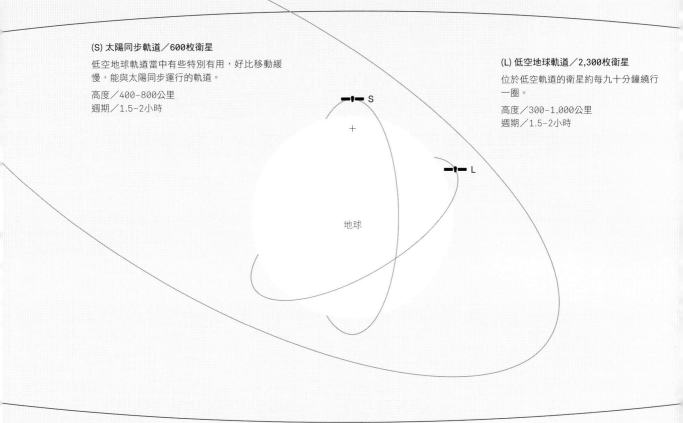

(S) 太陽同步軌道／600枚衛星

低空地球軌道當中有些特別有用，好比移動緩慢，能與太陽同步運行的軌道。

高度／400-800公里
週期／1.5-2小時

(L) 低空地球軌道／2,300枚衛星

位於低空軌道的衛星約每九十分鐘繞行一圈。

高度／300-1,000公里
週期／1.5-2小時

地球

S

L

+

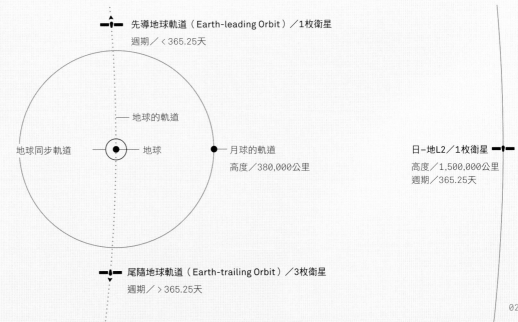

先導地球軌道（Earth-leading Orbit）／1枚衛星
週期／＜365.25天

地球的軌道

地球同步軌道

地球

月球的軌道
高度／380,000公里

日－地L2／1枚衛星
高度／1,500,000公里
週期／365.25天

尾隨地球軌道（Earth-trailing Orbit）／3枚衛星
週期／＞365.25天

太空垃圾

每天都有十公噸岩石從天上掉落。自從一九五七年起，這種自然灑落的流星當中，也摻入了火箭碎片、死亡衛星，甚至整座太空站。這些東西不見得全都會落回地球，還有些會一直留在軌道上。我們在太空時代亂扔的垃圾為人類帶來危險的遺贈，等於在地球周圍擺上了時速高達2萬8千公里的廢棄殘骸。

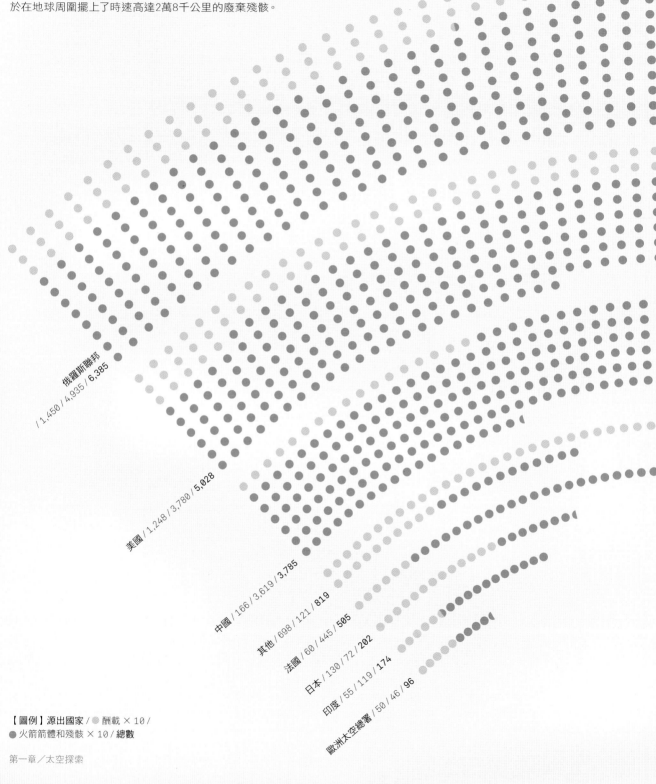

俄羅斯聯邦 / 1,450 / 4,935 / 6,385

美國 / 1,248 / 3,780 / 5,028

中國 / 166 / 3,619 / 3,785

其他 / 698 / 121 / 819

法國 / 60 / 445 / 505

日本 / 130 / 72 / 202

印度 / 55 / 119 / 174

歐洲太空總署 / 50 / 46 / 96

【圖例】源出國家 / ● 酬載 × 10 /
● 火箭箭體和殘骸 × 10 / 總數

太空垃圾帶來最迫切的威脅是危及駐紮國際太空站和天宮太空站的太空人。這種「超高速衝撞」是非常實際的問題。二〇一四年六月，國際太空站發現了一個十公分的穿孔，就在一台光電散熱器的冷卻管附近。

為了解決這項問題，世界主要太空機構在一九九三年籌組「太空廢棄物國際聯合協調委員會」（Inter-Agency Space Debris Coordination）。美國航太總署和美國國防部也共襄盛舉，追蹤低空地球軌道上超過十公分大小的物體，以及地球同步軌道上超過一米大小的物體。

太空站

上太空是一回事，要待在那裡還難上加難。你需要補給呼吸的氧氣、吃的食物，還必須要能夠處理廢物。

第一座太空站是俄羅斯在一九七一年發射的禮炮1號，共含三個艙區。美國在一九七三年把他們的第一座太空站「太空實驗室」送上軌道。共有三組組員前往探訪，最後它在一九七九年從澳大利亞上空墜落。

一九七〇年代，俄羅斯接連把禮炮替換系列送上軌道（禮炮3至7號）。這為抱負更為壯闊的後續計畫鋪設了舞台，促成和平號太空站在一九八六年升空。和平號接連十年不斷有人進駐，讓我們能夠洞察人類長期太空飛行對身體會產生什麼影響。

一九九八年時，十六個國家開始建造歷來最大型太空站：國際太空站。它採用模組化系統，可容不同國家先分頭建造不同部件，接著再連接組合。如今太空站計含十四個加壓模組，含括種種不同用途。自二〇〇〇年起，太空站都一直有人進駐。中國在二〇一一年發射天宮1號太空站，並打算在二〇二〇年代發射一座更大型的太空站。

👤👤👤
天宮1號，中國

運作壽命：2011 – 2020（預估）
長：10.4米

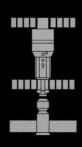

👤👤👤
禮炮（1, 3 – 7號）/ 聯盟號宇宙飛船，俄羅斯

運作壽命：1971 – 1991
長：15.8米

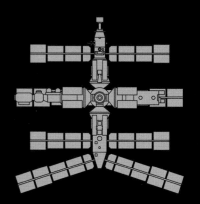

👤👤👤👤👤👤
和平號太空站，俄羅斯

運作壽命：1986 – 2001
長：31米

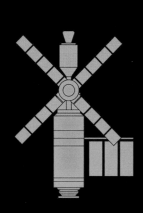

👤👤👤
太空實驗室，美國航太總署

運作壽命：1973 – 1979
長：26.3米

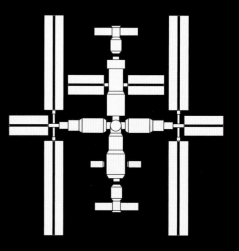

👤👤👤
中國太空站（規畫中）

運作壽命：2023 –
長：20米

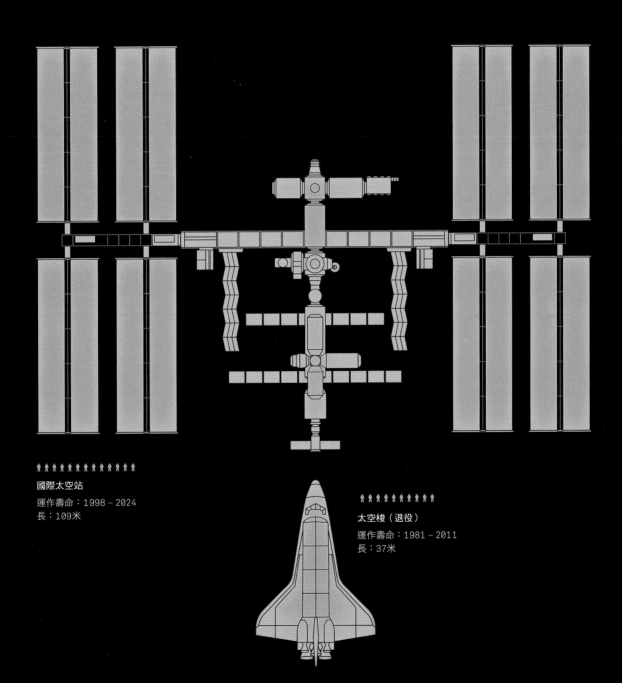

國際太空站

運作壽命：1998 – 2024

長：109米

太空梭（退役）

運作壽命：1981 – 2011

長：37米

奔向月球

一九六九年七月十六日，一枚農神5號火箭從甘迺迪太空中心升空向月球飛去。往後三天，三位船員要飛越38萬公里，從地球抵達月球。

進入月球軌道之後，阿姆斯壯和小名「伯茲」的愛德溫·艾德林（Edwin Aldrin）便拋下邁克爾·柯林斯（Michael Collins），駕駛鷹號登月艙降到月球表面。下降到最後片刻，他們必須發揮飛行專門技術，避開一片巨礫區。降落時，殘餘燃料只夠

飛二十五秒。他們在七月二十一日世界標準時間02:56踏上月面，接著艾德林和阿姆斯壯便展開種種試驗，採集土壤樣本，拍了許多照片，並與尼克森總統通電話。約兩個半小時之後，他們回到登月艙。兩人休息幾個小時之後便動手準備在世界標準時間17:54升空。他們和軌道上的柯林斯重新會合，接著就啟程返回地球。

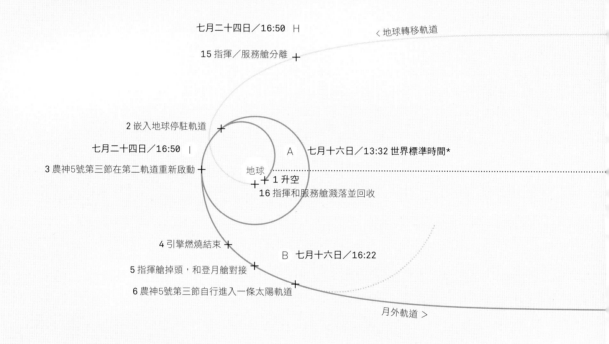

七月二十四日／16:50　H

〈地球轉移軌道

15 指揮／服務艙分離

2 嵌入地球停駐軌道

七月二十四日／16:50　I

A　七月十六日／13:32 世界標準時間*

3 農神5號第三節在第二軌道重新啟動

地球

1 升空

16 指揮和服務艙濺落並回收

4 引擎燃燒結束

B　七月十六日／16:22

5 指揮艙掉頭，和登月艙對接

6 農神5號第三節自行進入一條太陽軌道

月外軌道 〉

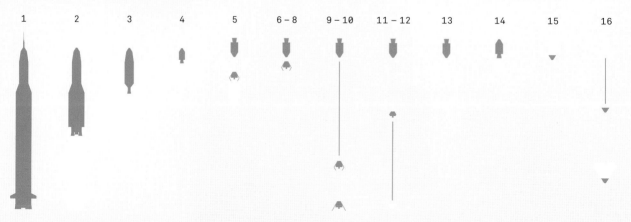

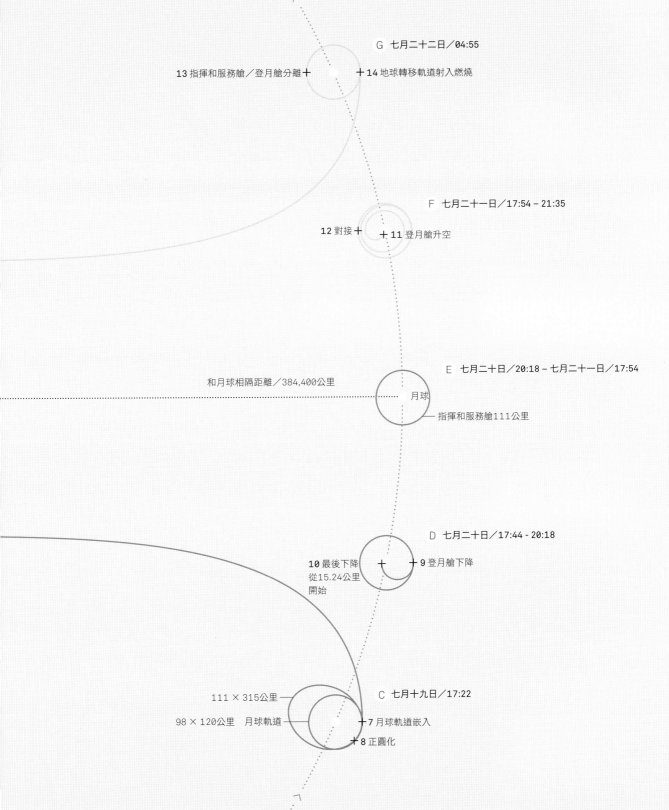

G 七月二十二日／04:55

13 指揮和服務艙／登月艙分離 ✛ ✛14 地球轉移軌道射入燃燒

F 七月二十一日／17:54 – 21:35

12 對接 ✛ ✛ 11 登月艙升空

和月球相隔距離／384,400公里

E 七月二十日／20:18 – 七月二十一日／17:54

月球

— 指揮和服務艙111公里

D 七月二十日／17:44 - 20:18

10 最後下降 ✛ ✛ 9 登月艙下降
從15.24公里
開始

C 七月十九日／17:22

111 × 315公里

98 × 120公里 月球軌道 ✛ 7 月球軌道嵌入
✛ 8 正圓化

* 所有時間都是世界標準時間（UTC）

月面作業

一九六九年七月二十日世界標準時間20:18，阿波羅11號登月艙在月面著陸。他們的燃料箱中只剩四十五秒燃料。

太空人阿姆斯壯和艾德林花了兩個小時準備登月艙，以防必要時可以升空。接著他們進餐休息，準備出外漫步。著陸後約六個半小時，阿姆斯壯踏出艙口，來到梯頂。他手拿一台黑白電視攝影機，拍攝事件經過並走下梯子。來到月面時，他說出他的著名台詞，接著艾德林也隨他下來。他們在登月艙一段距離之外擺了一台電視攝影機，豎起一面美國國旗，還與美國總統通話。他們做了一些試驗，找出最好移動的方式之後，接著就動手探勘那片區域，拍了些照片，安置好幾項實驗，還採集了岩石樣本以便攜回。他們總共帶回來約二十公斤的月球物質。

在月球表面逗留簡短21.6個小時之後，第一批地球訪客自行升空，回到軌道。往後又完成了五趟阿波羅任務。

阿波羅任務登月地點

阿波羅11號著陸地點
北緯0.67409度／東經23.47298度

溫布利足球場比例圖示

阿波羅11號留在月球上的設備

登月艙下降台	偏光濾鏡	集尿總成	LIOR環控系統
金橄欖枝	S波段天線	集糞裝置	一批容器
阿波羅1號任務標章	S波段天線電纜	套鞋	托架總成 × 2
太空人徽章	國旗組件	袋子	主體結構總成
月球紀念盤	實驗中樞站	氣體接頭蓋	鎚
電視攝影機	被動式測震實驗	繫腰索	大型樣本鏟
電視子系統	雷射測距反射器	救生索	延伸柄
電視廣角鏡頭	可攜式維生系統	傳送帶總成	鉗
電視日間鏡頭	氧氣過濾器	食品組合件（四人日）	日晷（基座除外）
電視電纜片濺（30.5公尺）	遙控單元	樣本回收容器／排氧系統接合器	下降台

阿波羅11號登月艙

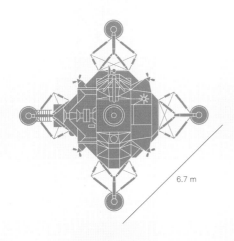

6.7 m

2.8 m

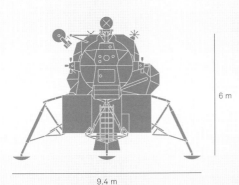

6 m

9.4 m

3.2 m

探月任務

人類仰望月球無數歲月，有些人還曾夢想去探訪這位天上的鄰居。到了二十世紀，這個夢想終於變成事實，蘇聯和美國都造出了能夠飛越虛空的火箭。

早期任務充滿艱辛，許多在發射時或升空後不久即爆炸，有些則根本無法進入正確軌道。第一次確認成功的事例，是蘇聯在一九五九年發射的月球2號，幾週後，月球3號也成功了。隨後就是一連串失敗案例，最後到了一九六四年，游騎兵7號才為美國開創第一次成功任務。往後五年期間，可靠性提升了，到了一九六八年聖誕節期間，才有第一批人類完成繞月任務（從探測器5號搭載陸龜前往並返航剛過了三個月）。總結下來，美國把十二個人送上月球表面並返航。

阿波羅任務之後，對月球的興趣沉寂了許多年。進入新的千禧年，太空競賽重新興起，包括由歐洲、印度和中國推動，且全都著眼探月的種種任務。

— 成功的任務
— 失敗的任務

A／艾布爾1號／1958
B／月球2號／1959
C／游騎兵7號／1964
D／月球9號／1966
E／阿波羅8號／1968
F／阿波羅11號／1969
G／阿波羅13號／1970（部分失敗）
H／月球17號／1970
I／阿波羅17號／1972
J／月球21號／1973
K／月球24號／1976
L／飛天號／1990
M／先進技術研究小型任務1號／2003
N／月船1號／2008
O／嫦娥3號／2013

地球

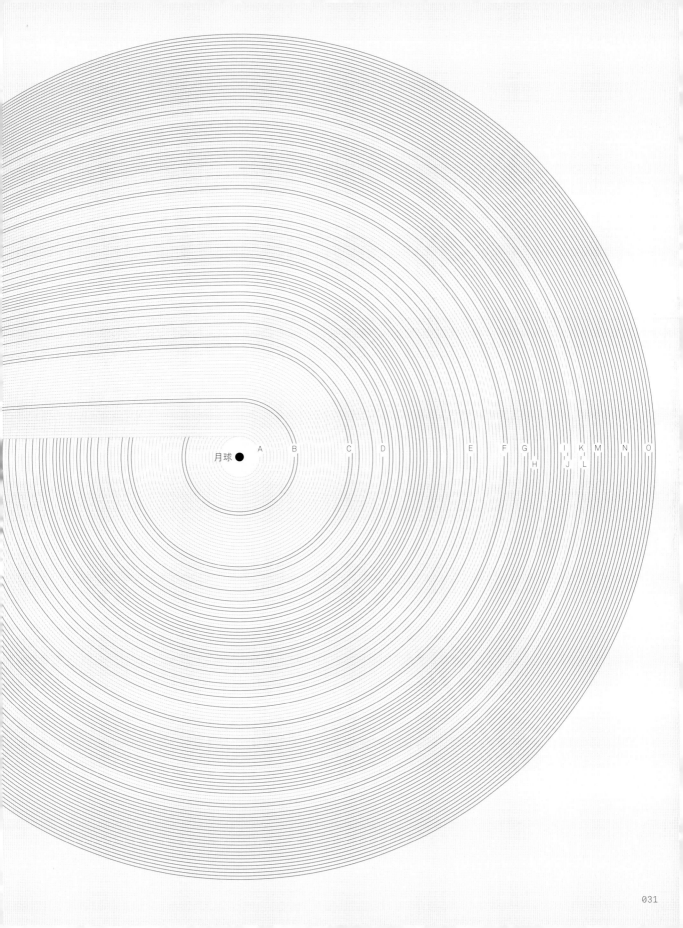

月球 ● A　B　C　D　　　　E　F G　I K M　N O
　　　　　　　　　　　　　　　H　J L

行星際任務

太空探索是件難事。自一九六〇年代以來，已經有好幾百趟任務，分頭探訪太陽系內約三十個不同星體——這還不包括月球。

並不是所有任務都成功，早期許多火星和金星任務，都在抵達目的地之前就失敗。有些太空船還沿途探訪不只一個目標，有些則繼續向太陽系外飛去，如先鋒10號、11號，以及航海家1號和2號。

等你讀到這裡，許多正在進行的任務，都有可能已經抵達目的地：探訪木星的朱諾號、探測金星的破曉號，還有前往小行星1999 JU3的隼鳥2號。

火星

水星

金星

艾達星
（小行星243）

伽利略號探測器 —

加斯普拉星
（小行星951）

● 行星／矮行星
● 小行星／彗星

— 成功的任務
— 失敗的任務

⋯ 持續進行的任務

航海家1號　　先鋒11號

土星

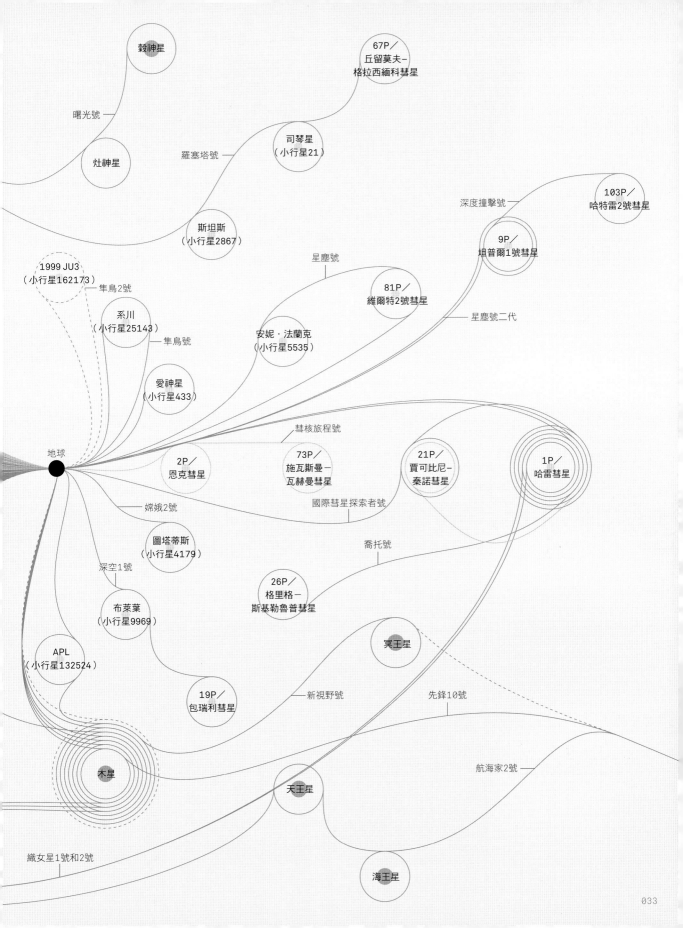

穀神星

67P／
丘留莫夫－
格拉西緬科彗星

曙光號

灶神星

羅塞塔號

司琴星
（小行星21）

斯坦斯
（小行星2867）

深度撞擊號

103P／
哈特雷2號彗星

9P／
坦普爾1號彗星

星塵號

1999 JU3
（小行星162173）

隼鳥2號

系川
（小行星25143）

81P／
維爾特2號彗星

星塵號二代

隼鳥號

安妮・法蘭克
（小行星5535）

愛神星
（小行星433）

彗核旅程號

地球

2P／
恩克彗星

73P／
施瓦斯曼－
瓦赫曼彗星

21P／
賈可比尼－
秦諾彗星

1P／
哈雷彗星

國際彗星探索者號

嫦娥2號

圖塔蒂斯
（小行星4179）

喬托號

深空1號

26P／
格里格－
斯基勒魯普彗星

布萊葉
（小行星9969）

冥王星

APL
（小行星132524）

19P／
包瑞利彗星

新視野號

先鋒10號

木星

航海家2號

天王星

織女星1號和2號

海王星

航向深空的探測器

信使號／90.4天文單位

美國航太總署的信使號任務在二○○四年升空，啟程前往最靠近太陽的行星：水星。要來到那麼靠近太陽的地方，還得進入繞行水星的軌道，必須大幅減速才辦得到。探測器必須長程航行，分別造訪地球、金星和水星，利用它們的重力來降低速度。

航海家號、先鋒號和新視野號系列

航太總署的先鋒10號和11號分別在一九七二年和一九七三年升空，執行第一批木星探訪任務。一九七七年，航太總署發射航海家1號和2號，趁木星和土星排列對準之時前往探測。航海家2號繼續前進，成為唯一探訪天王星和海王星的探測器。二○○六年，第一台設計來探訪冥王星的探測器新視野號升空，並在二○一五年七月抵達。

信使號／俯視圖

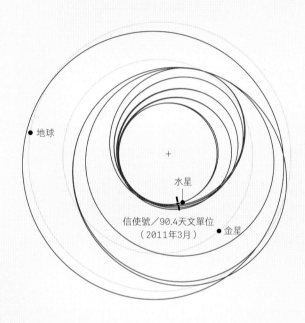

航海家號、先鋒號和新視野號系列／俯視圖

● 新視野號系列／35.0天文單位 (2015.7)　● 先鋒10號／122.6天文單位
● 航海家1號／142.3天文單位　　　　　● 先鋒11號／118.6天文單位
● 航海家2號／131.6天文單位

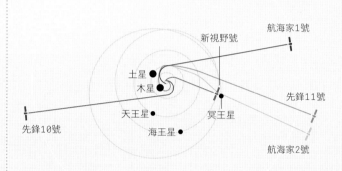

信使號／立視圖

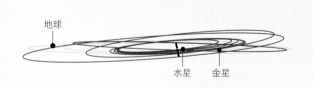

航海家號、先鋒號和新視野號系列／立視圖

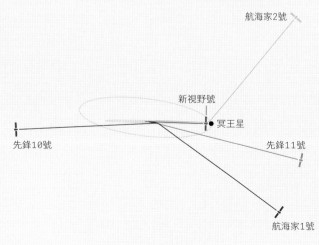

1天文單位（AU）＝149.6百萬公里（地球和太陽相隔的距離）

羅塞塔號／42.8天文單位

歐洲太空總署的羅塞塔任務在二〇〇四年升空，花了十年才追上67P／丘留莫夫－格拉西緬科彗星。沿途它探訪了火星、木星和兩顆小行星。二〇一四年年尾，羅塞塔號成為第一艘繞行彗核且射出探測器，成功降落彗星表面的太空船。

尤利西斯號／79.2天文單位

航太總署／歐洲太空總署的這台探測器在一九九〇年升空執行任務，分別從不等方位角度來觀測太陽。為抵達能上下環繞太陽兩極上空的軌道，必須用上木星的重力，把它拋出太陽系平面之外。

羅塞塔號／俯視圖

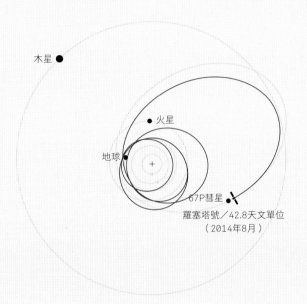

木星●

●火星

地球

\+

67P彗星

羅塞塔號／42.8天文單位
（2014年8月）

尤利西斯號／俯視圖

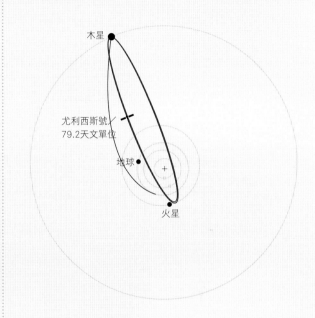

木星●

尤利西斯號／
79.2天文單位

地球

\+

火星

羅塞塔號／立視圖

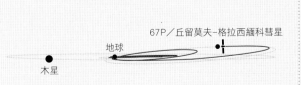

67P／丘留莫夫－格拉西緬科彗星

地球

木星

尤利西斯號／立視圖

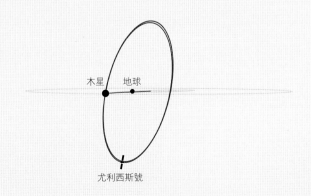

木星　地球

尤利西斯號

行星漫遊車

到了一九七〇年，奔月競賽結束，這時就該到表面探勘了。蘇聯派了兩輛月球步行者號上月球，藉由這款機器人漫遊車羅居領導地位。月球步行者2號保持最長距離紀錄好幾十年。美國航太總署為後續阿波羅號太空人裝備了月球車，有了這種輕型越野車，他們的移動距離和速度都遠超過前輩太空人。

航太總署的頭一款機器人漫遊車「茶盤大小的旅居者號漫遊車」上了火星，儘管只行進了約一百米，離開主登陸載具也不超過十二米，卻為下一代開闢出一條坦途。

精神號和機會號在二〇〇四年登陸火星，計畫任務期為九十天。兩台漫遊車都遠遠超出人類主人的期許。精神號在二〇〇九年陷入軟沙，最後在二〇一〇年火星嚴冬下棄世。

機會號在著陸後十年依然繼續前進，在二〇一四年打破了地球外漫遊距離紀錄。兩輛漫遊車確認，火星的氣候在幾十億年前遠比現在更為溫暖、潮濕。

迄今最先進的漫遊車是好奇號，這輛汽車大小的漫遊車在二〇一二年著陸。好奇號搭載了十種科學儀器，包括一台雷射，

〜〜 月球　　〜〜 火星

月球步行者1號／蘇聯／月球 1970 – 1971　　　　　　　　　10.54 km

阿波羅15號／航太總署／月球 1971

阿波羅16號／號航太總署／月球 1972

阿波羅17號／航太總署／月球 1972

月球步行者2號／蘇聯／月球 1973

旅居者號／航太總署／火星1997

精神號／航太總署／火星2004 – 2010　　　　　　　　　7.73 km

機會號／航太總署／火星2004 –

好奇號／航太總署／火星2012 –　　　　　　　　　10.30 km*

玉兔號／中國空間技術研究院／月球2013

它證明火星一度能支持生命。至於那裡是否曾經有生命棲居，只能留待未來的探險家（不論是機器人或人類）解答了。

二〇一三年，中國的嫦娥3號和搭載的玉兔月球車成功登陸月球。玉兔繞行登陸載具並行進了四十米，隨後由於機械故障不再移動，不過它在隨後數月期間，依然持續傳送全景照片。

27.90 km

26.70 km

35.74 km

39.00 km

馬拉松 42.20 km ——

42.20 km*

*截至2015年3月的航行距離

第二章／太陽系

太陽系有幾顆行星？

「行星」一詞源於古希臘文，意指「漫遊者」，原本含括一切似乎與恆星相對運動的天體。幾千年來，我們一直認為「行星」包括水星、金星、火星、木星、土星、太陽和月球。到了十七世紀，由於木星和土星附近發現了好些天體，整個情況也為之改觀，行星數量膨脹到16顆。

隨著我們對太陽系的認識愈深，加上觀測結果顯示彗星也是種天體，行星的定義也首度產生改變。行星變成「以近乎圓形路徑繞日運行的天體」；太陽不再是顆行星，地球則是；月球加上木星和土星的衛星，都轉變成一個新的衛星類別。根據新的定義，天王星的發現，就相當於自古代以來第一次增添了新的行星。十九世紀早期，行星數量又再次增長，海王星、穀神星、智神星、婚神星、灶神星和義神星的發現，讓行星總數達到了13顆。一八四七年時，這群在火星和木星之間繞行的小型行星，都經重新歸入小行星類別，於是主要行星的數量第三度降回8顆。

一九三〇年發現了冥王星，讓行星總數回到9顆。二十一世紀發現了妊神星、鬩神星和鳥神星，促成我們重新定義什麼叫做行星，並增添了新的矮行星類別。如今我們的太陽系含有8顆行星、5顆矮行星、182顆衛星和超過65萬顆小行星──直到目前是這樣。

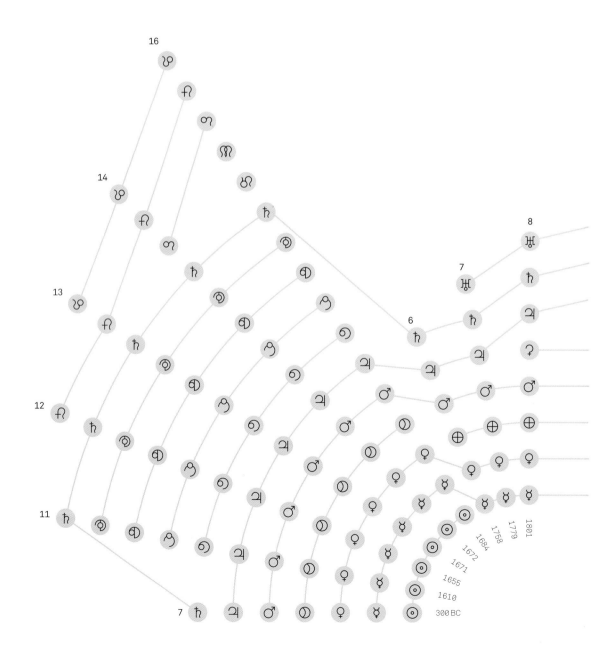

義神星
木衛四（卡利斯多）
穀神星
土衛四（狄俄涅）
地球
閱神星
木衛二（歐羅巴）
木衛三（甘尼米德）

妊神星
土衛八（伊阿珀托斯）
木衛一（埃歐）
婚神星
木星
鳥神星
火星
水星

月球
海神星
智神星
冥王星
母神星
土星
太陽
土衛三（忒堤斯）

土衛六（泰坦）
天王星
金星
灶神星

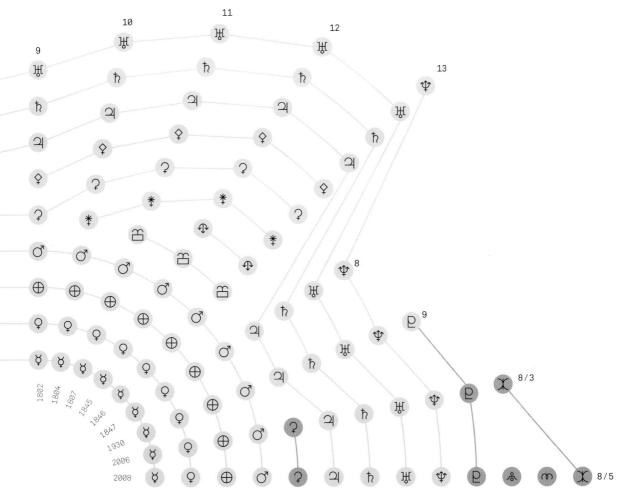

太陽系的比例尺模型

我們很難設想從地球到各行星的距離，很大的原因就
是，和行星的大小相比，這種距離實在非常遼闊。倘若
太陽挪到巴黎、縮小到約艾菲爾鐵塔的高度，那麼水星
就大約位於巴黎市郊外緣，而地球則位於將近四十公里
之外，大小約如非洲象；木星大致都會待在法國範圍以
內，不過土星的軌道就會穿越布魯塞爾和倫敦，至於天
王星就會經過慕尼黑和利物浦；最外側的行星海王星可
以在哥本哈根附近找到，而古柏帶物體就相當於在摩洛
哥或亞速群島度假。

鳥神星 ●

● 鬩神星

冥王星 ●

● 妊神星

+ *亞速群島*

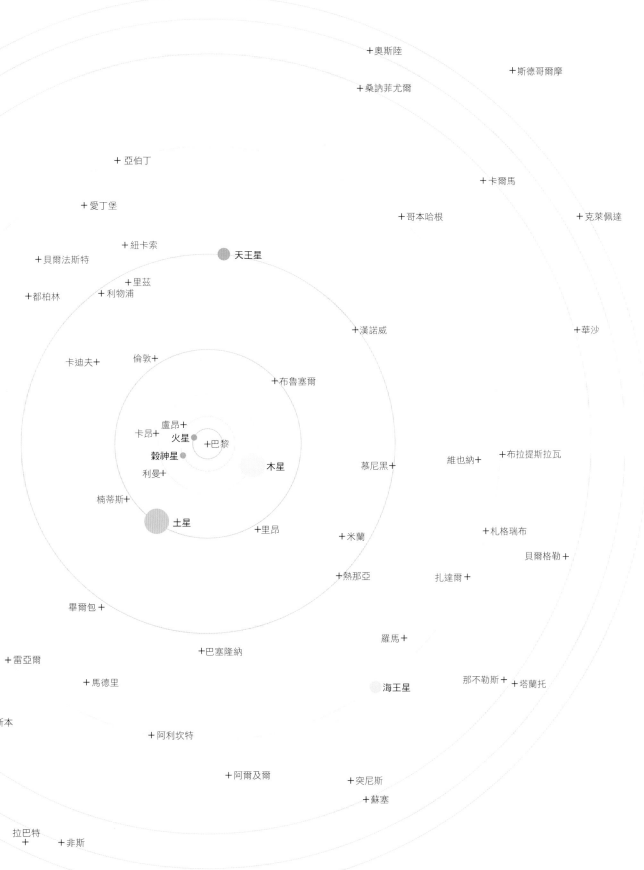

奧斯陸

斯德哥爾摩

桑訥菲尤爾

亞伯丁

卡爾馬

愛丁堡

哥本哈根

克萊佩達

紐卡索

天王星

貝爾法斯特

里茲

都柏林

利物浦

漢諾威

華沙

卡迪夫

倫敦

布魯塞爾

盧昂

卡昂

火星

巴黎

穀神星

木星

慕尼黑

維也納

布拉提斯拉瓦

利曼

楠蒂斯

土星

里昂

米蘭

札格瑞布

貝爾格勒

熱那亞

扎達爾

畢爾包

羅馬

巴塞隆納

雷亞爾

馬德里

海王星

那不勒斯

塔蘭托

斯本

阿利坎特

阿爾及爾

突尼斯

蘇塞

拉巴特

非斯

行星家族

太陽系的成員尺寸落差極大,包括小至僅只數公里寬的小行星,到直徑將近14萬公里的龐大木星。

八顆行星區分為三大類。最接近太陽的這四顆大半由岩石組成。最大的兩顆行星是木星和土星,都屬於氣體巨行星,幾乎全都由氫和氦所組成。最遙遠的兩顆行星是天王星和海王星,都屬於冰巨行星,擁有較大的固態核心,大氣則含甲烷雲霧。矮行星大半位於古柏帶,屬於在海王星外側繞軌運行的冰凍星體當中最大的一群。由於距離相當遙遠,這些星體都很難觀測,古柏帶肯定仍有許多物體尚待發現。

太陽系內火星和木星之間有個小行星帶,裡面有許多較小物體繞軌運行,當中以穀神星的尺寸遠超過其他,不過仍有好幾十顆的直徑達好幾百公里。頭四顆最大星體的質量總和占了小行星帶總質量的一半。

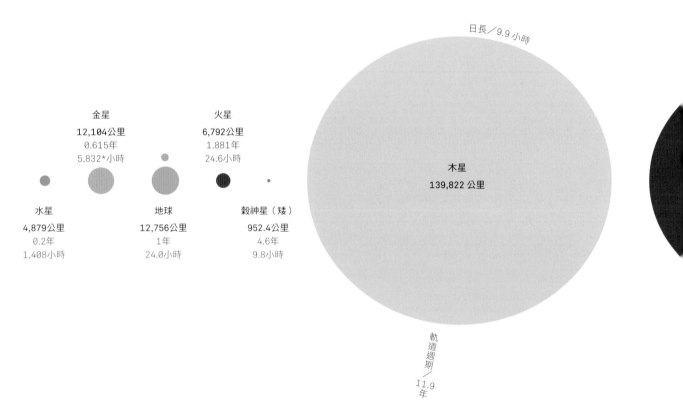

日長／9.9小時

金星
12,104公里
0.615年
5,832*小時

火星
6,792公里
1.881年
24.6小時

木星
139,822 公里

水星
4,879公里
0.2年
1,408小時

地球
12,756公里
1年
24.0小時

穀神星(矮)
952.4公里
4.6年
9.8小時

軌道週期／11.9年

行星名(矮=矮行星)
直徑
軌道週期,地球年數
日長

日長／10.7 小時

土星
116,464 公里

軌道週期／29.4 年

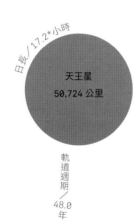

日長／17.2*小時

天王星
50,724 公里

軌道週期／48.0 年

日長／16.1 小時

海王星
49,244 公里

軌道週期／164.8 年

妊神星（矮）
1,300公里
281.9年
3.9小時

鬩神星（矮）
2,326公里
561.4年
25.9小時

冥王星（矮）
2,370公里
247.7年
153.3小時

鳥神星（矮）
1,430公里
305.3年
22.5小時

* 金星繞本身軸線自轉的方向和其他行星相反。
天王星和冥王星都順著本身轉軸「側躺」著。

衛星

如今我們把衛星視為環繞行星的天體，最好的例子就是我們最近的鄰居月球，它繞的是地球。直到一六一〇年一月，伽利略把望遠鏡轉朝木星之時，人類才發現原來還有其他衛星繞行另一顆行星：土星衛星群中的頭一顆在一六五五年被發現，天王星衛星群中的頭一顆在一八五一年才被看見（自從發現天王星以來，已經過了七十年）。我們還得等到一八七七年，才終於辨認出火星的兩顆小衛星。

二十世紀和二十一世紀見證了已知衛星數量大幅增長，這得部分歸功於望遠鏡解析度提高了，不過大半仍得感謝我們派出去探訪各行星的太空船艦隊。如今我們知道，以下天體周圍都有衛星繞行：地球、火星、木星、土星、天王星、海王星、冥王星、鬩神星和妊神星。

命名

歷來衛星通常都由發現者命名，不過自從一九七五年起，國際天文學聯合會便介入監督命名程序。如今已經有好幾種命名規約，分依其母星體制訂。火星的兩顆衛星是以希臘戰神阿瑞斯之子的名字來命名。木星的衛星都跟著朱庇特（宙斯）的愛人或子孫的名字來命名。土星的衛星都依神話中巨人或他們子孫的名字來命名（目前分別出自希臘、古北歐、古高盧和因努依特神話）。天王星的衛星都以莎士比亞劇作角色之名為名。海王星的衛星都跟著希臘海神的名字來命名，冥王星的衛星則全都和冥神黑帝斯有關。

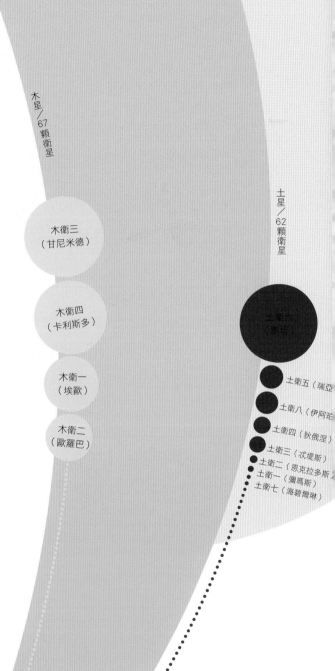

木星／67顆衛星

木衛三（甘尼米德）

木衛四（卡利斯多）

木衛一（埃歐）

木衛二（歐羅巴）

土星／62顆衛星

土衛六（泰坦）

土衛五（瑞亞）

土衛八（伊阿珀）

土衛四（狄俄涅）

土衛三（忒堤斯）

土衛二（恩克拉多斯）

土衛一（彌瑪斯）

土衛七（海碧爾琳）

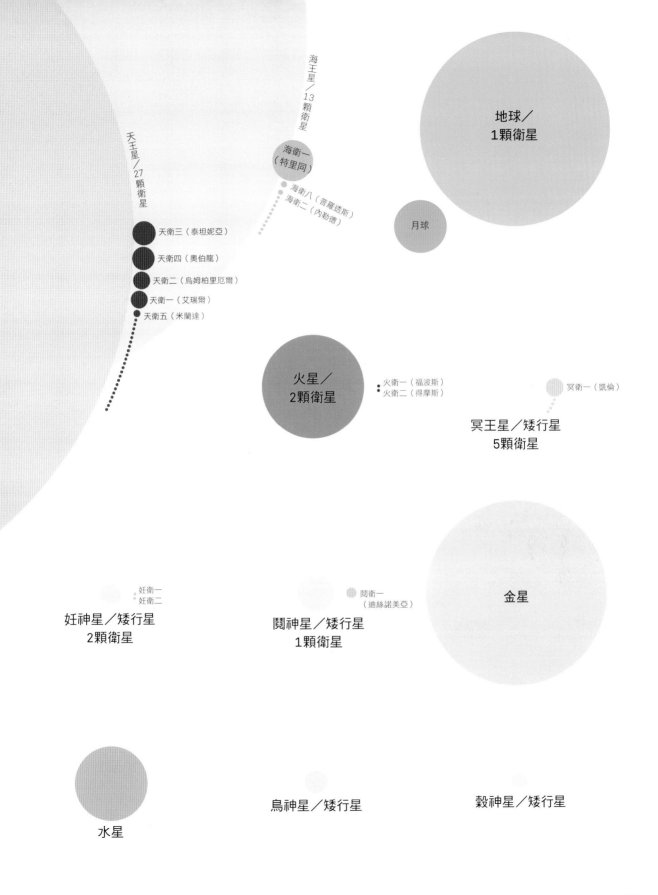

天王星／27顆衛星

天衛三（泰坦妮亞）
天衛四（奧伯龍）
天衛二（烏姆柏里厄爾）
天衛一（艾瑞爾）
天衛五（米蘭達）

海王星／13顆衛星

海衛一（特里同）
海衛八（普羅透斯）
海衛二（內勒德）

地球／1顆衛星

月球

火星／2顆衛星

火衛一（福波斯）
火衛二（得摩斯）

冥衛一（凱倫）

冥王星／矮行星 5顆衛星

妊衛一
妊衛二

妊神星／矮行星 2顆衛星

鬩衛一（迪絲諾美亞）

鬩神星／矮行星 1顆衛星

金星

水星

鳥神星／矮行星

穀神星／矮行星

食

若有機會看到日全食，你就會知道這種現象是多麼特別。日食發生在月球從地球和日輪之間通過的時候，月食則發生在地球從月球和太陽之間通過的時候。不過，既然月球每四週就繞行地球一周，那麼日食為什麼不是每半個月就發生一次？

月球軌道稍微傾斜於地球軌道，因此月球大半時候看來都是從太陽上下方，或者從地球陰影的上下方通過。

由於軌道並不呈圓形，有時月球就顯得比較小，並不會完全

擋住太陽。這類日食稱為「環食」，因為仍有一環陽光清晰可見。

月球的複雜運動促成許多交食頻率週期。其中有半食年（semester，1,77.2天，或稍短於六個月）、太陰年（lunar year，354.4天），和沙羅週期（saors，6,585.32 天，或略超過十八年）。

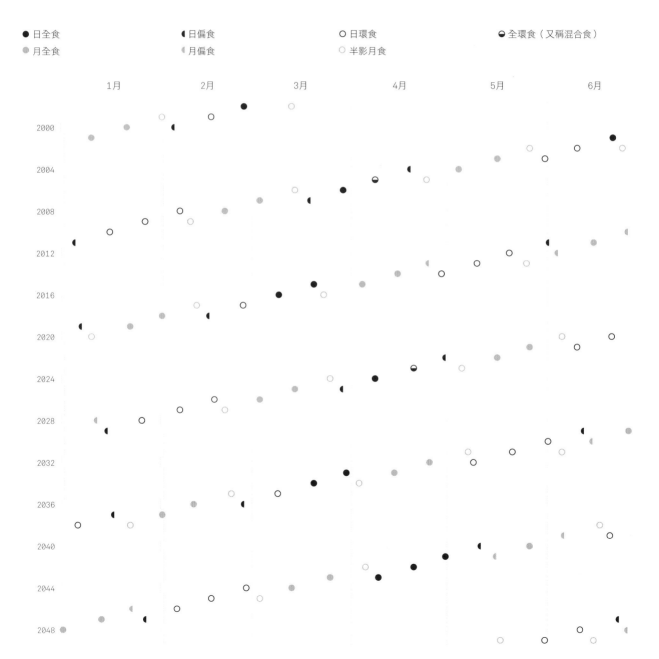

● 日全食　　　◖ 日偏食　　　○ 日環食　　　◒ 全環食（又稱混合食）
● 月全食　　　◖ 月偏食　　　○ 半影月食

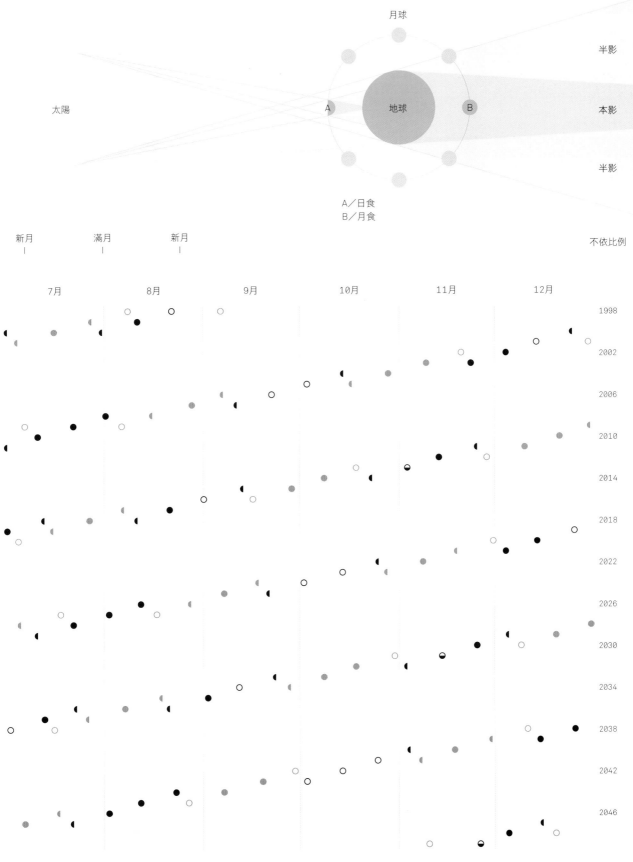

月球

半影

太陽　　　　　　　　　　　　　　　　　A　　地球　　B　　本影

半影

A／日食
B／月食

新月　　　満月　　　新月　　　　　　　　　　　不依比例
｜　　　　｜　　　　｜

7月　　　　　8月　　　　　9月　　　　　10月　　　　　11月　　　　　12月

1998

2002

2006

2010

2014

2018

2022

2026

2030

2034

2038

2042

2046

049

太陽系十大排行

山脈

太陽系各大山從山腳到山巔的高度。最高大的是灶神星的南極山，
二○一一年由曙光號太空船發現。

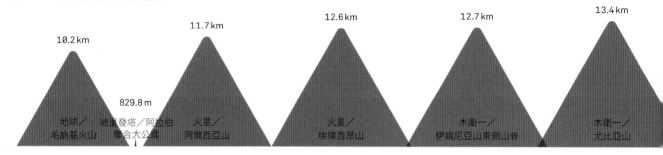

10.2 km
地球／
毛納基火山

829.8 m
哈里發塔／阿拉伯
聯合大公國

11.7 km
火星／
阿爾西亞山

12.6 km
火星／
埃律西昂山

12.7 km
木衛一／
伊娥尼亞山東側山脊

13.4 km
木衛一／
尤比亞山

湖泊

二○○七年，卡西尼號太空船發現了目前已知最大湖泊克拉肯海，
湖中成分為液態碳氫化合物。

31,500 km²
地球／貝加爾湖

32,000 km²
木衛一／洛基火山口
（熔岩）

32,893 km²
地球／坦干依喀湖

58,000 km²
地球／密西根湖

59,600 km²
地球／休倫湖

峽谷、外流渠道和深谷

太陽系最長的渠道是巴爾提斯谷，由金星15號和16號太空船發現。
昔日那裡有可能是一條熔岩河川。

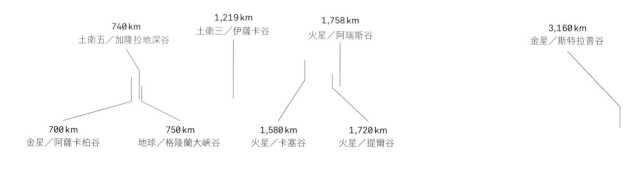

740 km
土衛五／加隆拉地深谷

1,219 km
土衛三／伊薩卡谷

1,758 km
火星／阿瑞斯谷

3,160 km
金星／斯特拉普谷

700 km
金星／阿薩卡柏谷

750 km
地球／格陵蘭大峽谷

1,580 km
火星／卡塞谷

1,720 km
火星／提爾谷

隕石坑

北極盆地幾乎含括火星的整個北半球。其起源不明，不過據信那
是在火星過往某段時期的一次撞擊所造成的。

505 km
灶神星／
雷亞希爾維亞盆地

580 km
土衛八／
特吉斯隕石坑

715 km
水星／
林布蘭隕石坑

1,145 km
月球／
雨海

1,550 km
水星／
卡洛里盆地

2,300 km
火星／
希臘平原

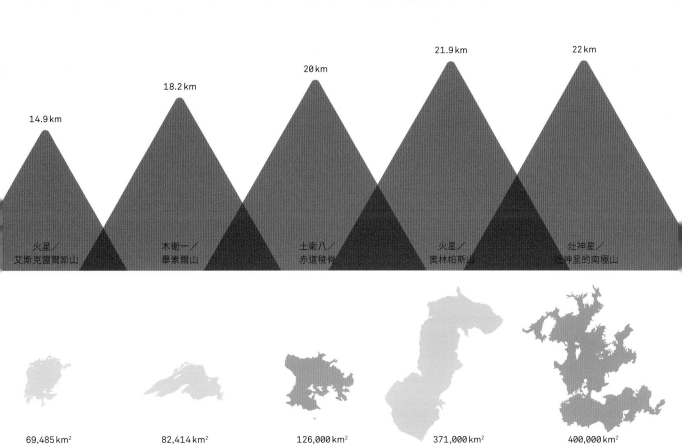

14.9 km
火星／
艾斯克雷爾斯山

18.2 km
木衛一／
畢索爾山

20 km
土衛八／
赤道稜脊

21.9 km
火星／
奧林帕斯山

22 km
灶神星／
灶神星的南極山

69,485 km²
地球／維多利亞湖

82,414 km²
地球／蘇必略湖

126,000 km²
土衛六／麗姬亞海
（碳氫化合物）

371,000 km²
地球／裏海

400,000 km²
土衛六／克拉肯海
（碳氫化合物）

3,769 km
火星／水手號谷

6,800 km
金星／巴爾提斯谷

2,500 km
月球／
南極–艾托肯盆地

3,000 km
月球／
風暴洋

3,300 km
火星／
烏托邦平原

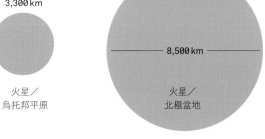

8,500 km
火星／
北極盆地

行星和衛星的構造

我們能認識地球內部，必須歸功於地震學。登月任務留下的幾項實驗，都使用月震來認識月球內部。就太陽系內其他天體，要判別就困難得多了。這時就可以借助太空船飛掠，加上物理模型，來研判其內部構造。

木星和土星都有強烈磁場，顯示兩星內部肯定都具有傳導性，說不定是以「金屬氫」構成。至於它們的中央有沒有固體核心，那就很難判定了。天王星和海王星據信都有冰凍的岩石核心，周圍則環繞一層厚冰，主要為水和甲烷。

如今我們認為，外太陽系的許多衛星表面底下都有液態水海洋，這是它們的母行星引動潮汐，滋生內熱造成的。也因此這些迷你世界和它們繞行的行星同樣令人振奮，也同樣神祕。

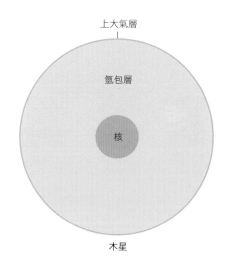

上大氣層

氫包層

核

地球比例大小

木星

水
冰
岩石／冰
甲烷
金屬氫
大氣

熔岩
岩石
熔鐵
固態鐵
固態鐵（含豐富的硫化亞鐵）

月球比例大小

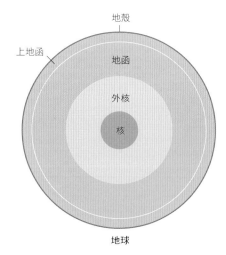

地殼

上地函

地函

外核

核

地球

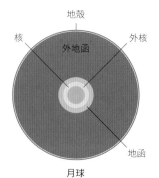

地殼

核

外地函

外核

地函

月球

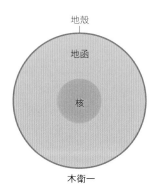

地殼

地函

核

木衛一

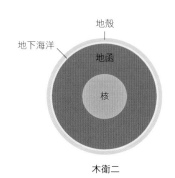

地殼

地下海洋

地函

核

木衛二

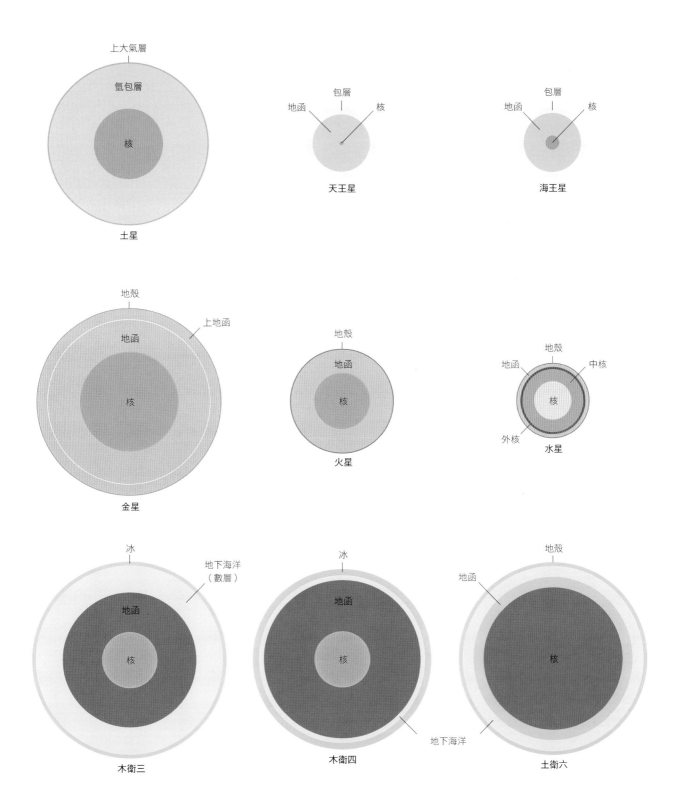

上大氣層

氫包層

核

土星

包層

地函

核

天王星

包層

地函

核

海王星

地殼

上地函

地函

核

金星

地殼

地函

核

火星

地殼

地函

中核

核

外核

水星

冰

地下海洋
（數層）

地函

核

木衛三

冰

地函

核

地下海洋

木衛四

地殼

地函

核

土衛六

行星大氣

地球的大氣是一層微薄的防護層，為我們緩衝外太空的險峻條件。大氣層最寒冷的地方是對流層頂，那裡的稀薄空氣和地表熱氣隔絕開來。這處氣層也不受陽光影響，大氣層上方數層則會受陽光照射加溫。

金星的表面承受極端高壓和灼熱高溫，不適宜居住。不過來到約五十公里高空，那裡的溫度和壓力就和地球表面沒有兩樣。要不是有咆哮狂風、硫酸雨和巍峨高度落差，其實那裡還

相當舒適！火星大氣就稀薄多了，也寒冷多了。那裡有水冰雲霧，不過也有二氧化碳冰。

土衛六是土星最大的衛星，也是地球之外唯一表面存有液體的星體。那裡的大氣比地球大氣濃密，然而由於溫度太低，任何地方都不可能存有液態水。不過土衛六有碳氫化合物循環作用，會形成雲霧、湖泊、河川，甚至還會下起甲烷或乙烷雨。

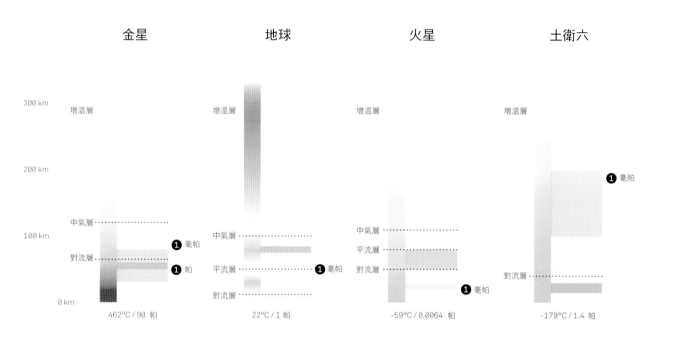

金星　　　　　地球　　　　　火星　　　　　土衛六

300 km

增溫層　　　　　增溫層　　　　　增溫層　　　　　增溫層

200 km

❶ 毫帕

中氣層　　　　　　　　　　　中氣層

100 km　　中氣層　　　　　　　　　平流層　❶ 毫帕

對流層　❶ 毫帕　　　　　　　對流層

❶ 帕　　　平流層　❶ 毫帕

對流層

對流層

0 km　　　　　對流層　　　　　　　　　❶ 毫帕

462°C／90 帕　　22°C／1 帕　　-59°C／0.0064 帕　　-179°C／1.4 帕

400°C　　　硫酸靄　　　　　水冰雲霧　　　　　二氧化碳冰　　　　　托林靄層

0°C　　　　硫磺雲霧　　　　　水　　　　　水冰　　　　　甲烷雲霧

-200°C

增溫層、中氣層、對流層以及平流層

由於外行星表面情況不明，因此做高度判別時，一般都以大氣壓為1帕（bar）的定點為基準（相當於地球表面壓力），採比較方式來求得。

木星的條紋外觀是由於氨冰白色雲霧映襯氨硫化氫褐色色澤而來，再底下據信存有水冰雲霧。一九九五年時，伽利略太空船投下一具探針，進入木星大氣，降到超過百公里深度，採集大氣成分樣本，並測得風速每小時高達五百多公里。

土星的大氣狀況和木星大氣雷同，不過由於重力較弱，因此高度落差較大。由於大氣含一層煙霾，遮掩了較低層構造，因此外觀比木星更顯得平坦。

天王星和海王星都有厚層甲烷大氣，因此外觀帶藍色色澤。海王星的強勁風力在太陽系中無出其右，風速超過每小時1千公里。

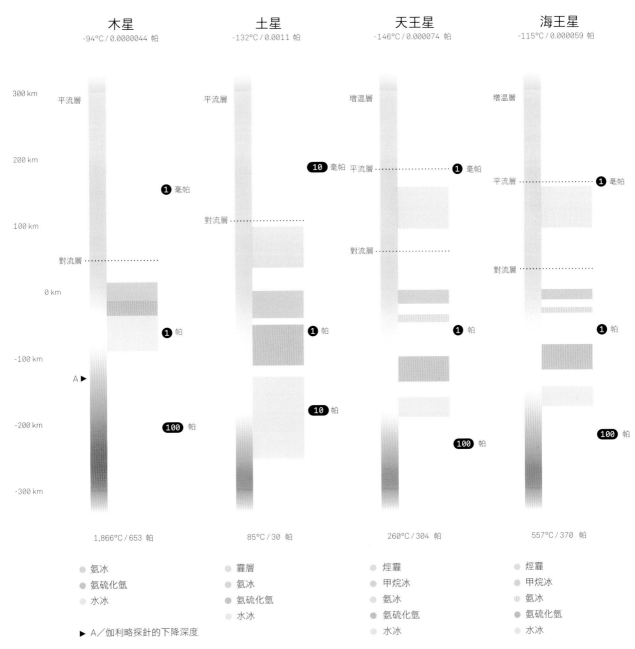

木星
-94°C / 0.0000044 帕

土星
-132°C / 0.0011 帕

天王星
-146°C / 0.000074 帕

海王星
-115°C / 0.000059 帕

300 km　平流層
200 km
100 km　對流層
0 km
-100 km　A ▶
-200 km
-300 km

平流層
對流層

增溫層
平流層
對流層

增溫層
平流層
對流層

10 毫帕
1 毫帕
1 毫帕
1 毫帕
1 帕
1 帕
1 帕
1 帕
10 帕
100 帕
100 帕
100 帕

1,866°C / 653 帕
85°C / 30 帕
260°C / 304 帕
557°C / 370 帕

● 氨冰
● 氨硫化氫
● 水冰

● 霾層
● 氨冰
● 氨硫化氫
● 水冰

● 煙霾
● 甲烷冰
● 氨冰
● 氨硫化氫
● 水冰

● 煙霾
● 甲烷冰
● 氨冰
● 氨硫化氫
● 水冰

▶ A／伽利略探針的下降深度

帶環的行星

土星以壯麗星環系統著稱，不過它不是唯一帶環的行星。其他外行星全都有自己的星環系統，只是其他環系都不像土星環那麼亮麗、壯闊。土星環起源不詳，不過有可能是昔日的衛星群被扯碎形成的，不然也可能是出自從來就沒有形成衛星的物質。

海王星

海王星的環最早在一九八〇年代發現，一九八九年經航海家2號太空船驗證確認。各環圈分別依照協助發現海王星的天文學家姓名來命名。就如其他行星的環系，海王星環也和較小衛星群連帶有關。

天王星

天王星環最早在一九七七年發現，當時正進行一顆背景恆星觀測，卻察覺星光短暫掩映。海王星環圈都沒有名字，只以數字和希臘字母代表。

木星

木星環非常黯淡，直到一九七九年航海家1號太空船經過時才被發現。這些星環是內衛星受小隕石轟擊造成的結果。

土星

土星主環都依發現順序冠上字母代號，各環之間的空隙和環縫都依土星觀測史上名人的姓名為名。儘管幅員廣達數十萬公里，土星環卻薄得令人不敢相信，各主環的厚度都只達幾十米，航海家號和卡西尼號太空船的觀測結果顯示，環縫是土星的較小衛星群造成的結果。最外圈的「E環」（E Ring），據信為土衛二南極粒子噴流形成的。

…… 環寬

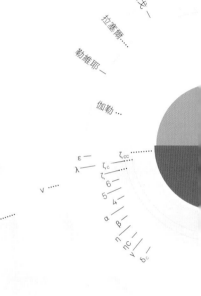

海王星

天王星

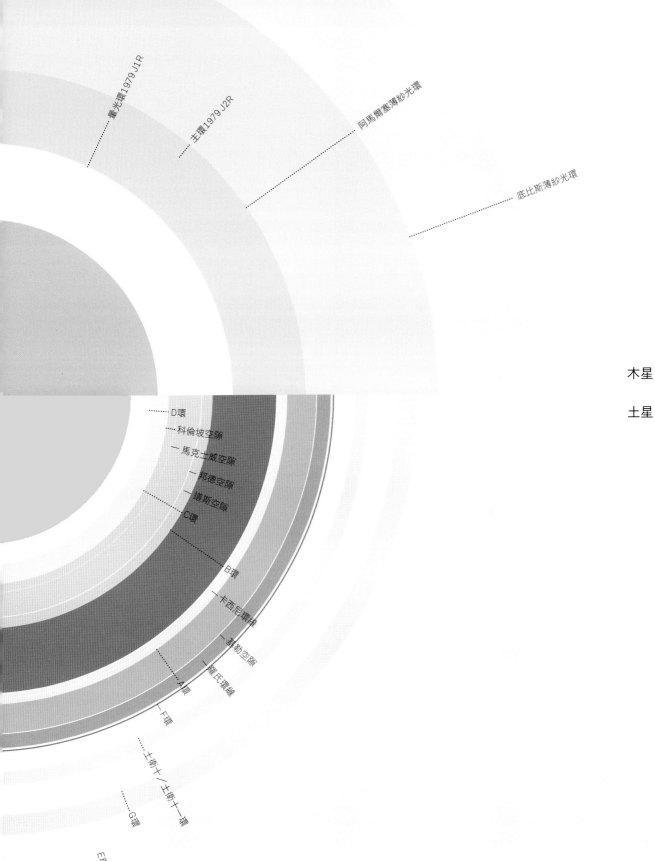

暈光環1979 J1R

主環1979 J2R

阿馬爾塞薄紗光環

底比斯薄紗光環

木星

土星

D環

科倫坡空隙

馬克士威空隙

邦德空隙

道斯空隙

C環

B環

卡西尼環縫

基勒空隙

羅氏環縫

A環

F環

土衛十／土衛十一環

G環

E環

小行星

小行星是大小還未達到行星尺寸的大型岩石團塊。義大利天文學家朱塞普·皮亞齊（Giuseppe Piazzi）在一八〇一年發現第一顆小行星：穀神星。過去兩百年來，我們在介於火星和木星軌道之間的雷同軌道上，又發現了許多較小的小行星，這些星體構成了小行星帶。穀神星等最大型小行星的質量，都大得能保持球形，較小型的重力較小，看來就呈不規則形。

302 × 232 km
原神星
（小行星65）

229 km
班貝格星
（小行星324）

380 × 250 km
歐女星
（小行星52）

968.618公里
從英格蘭的蘭茲角
到蘇格蘭的
約翰奧格羅茨村

530 × 370 km
健神星
（小行星10）

975 km
穀神星
（小行星1）

268 × 183 km
赫女星
（小行星121）

344 × 205km
駛神星
（小行星107）

250 km
女凱龍星
（小行星10199）

350 × 304 km
泰拉莫星
（小行星704）

582 × 500 km
智神星
（小行星2）

573 × 446 km
灶神星
（小行星4）

305 × 145 km
歐仁妮星
（小行星45）

174 km
量神星
（小行星120）

320 × 200 km
婚神星
（小行星3）

172 km
溫徹斯特星
（小行星747）

256 km
麗神星
（小行星31）

278 × 142 km
昏神星
（小行星48）

188 km
罰神星
（小行星128）

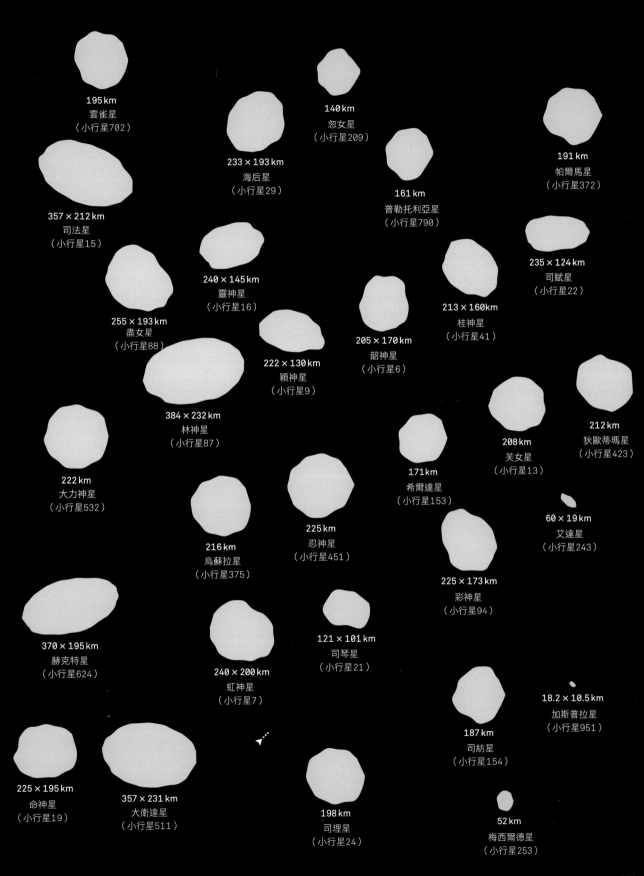

195 km
雲雀星
（小行星702）

233 × 193 km
海后星
（小行星29）

140 km
忽女星
（小行星209）

161 km
普勒托利亞星
（小行星790）

191 km
帕爾馬星
（小行星372）

357 × 212 km
司法星
（小行星15）

240 × 145 km
靈神星
（小行星16）

235 × 124 km
司賦星
（小行星22）

255 × 193 km
盡女星
（小行星88）

205 × 170 km
韶神星
（小行星6）

213 × 160km
桂神星
（小行星41）

222 × 130 km
穎神星
（小行星9）

384 × 232 km
林神星
（小行星87）

222 km
大力神星
（小行星532）

171km
希爾達星
（小行星153）

208 km
芙女星
（小行星13）

212 km
狄歐蒂瑪星
（小行星423）

216 km
烏蘇拉星
（小行星375）

225 km
忍神星
（小行星451）

60 × 19km
艾達星
（小行星243）

370 × 195 km
赫克特星
（小行星624）

240 × 200 km
虹神星
（小行星7）

121 × 101 km
司琴星
（小行星21）

225 × 173 km
彩神星
（小行星94）

18.2 × 10.5 km
加斯普拉星
（小行星951）

187 km
司紡星
（小行星154）

225 × 195 km
命神星
（小行星19）

357 × 231 km
大衛達星
（小行星511）

198 km
司理星
（小行星24）

52 km
梅西爾德星
（小行星253）

小行星的位置

小行星絕大多數都位於火星和木星軌道之間的小行星帶上，不過並非所有小行星都始終待在那裡，有些會偏離進入內太陽系，有些還會來到地球軌道附近，甚至與之交錯，稱為「近地小行星」。就是這群小行星為我們帶來絕大風險，因為它們有一天很可能會撞擊地球。

木星的引力對小行星的軌道影響很大，小行星並不喜歡和巨行星同步運行。其中軌道長度超過木星軌道長度之半（2:1共振）的，或短於木星軌道長度之四分之一（4:1共振）的，都占非常少數。隸屬4:1共振的小行星歸入「匈牙利族」。

超出主帶的小行星有可能困陷在號稱「特洛伊點」的重力甜蜜定點，起這個名稱的原因是，那裡的小行星都以希臘和特洛伊那場戰爭的參戰人員為名。這群小行星都位於木星前後約60°軌道位置。希爾達族小行星每繞日轉三圈，木星便繞日轉兩圈（3:2共振）。

1　●●　90／主小行星帶
1　⫸●●　09／特洛伊天體和希臘天體
1　●●　04／希爾達族
1　⫸●　03／近地天體

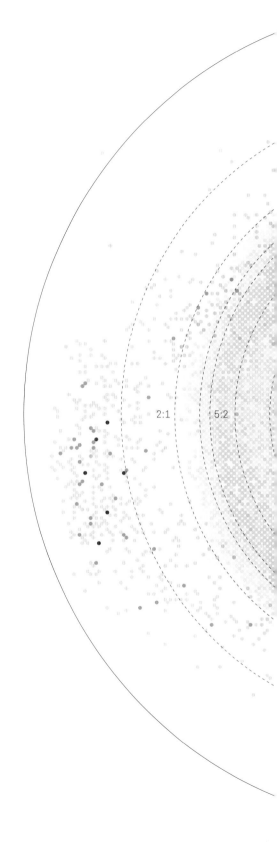

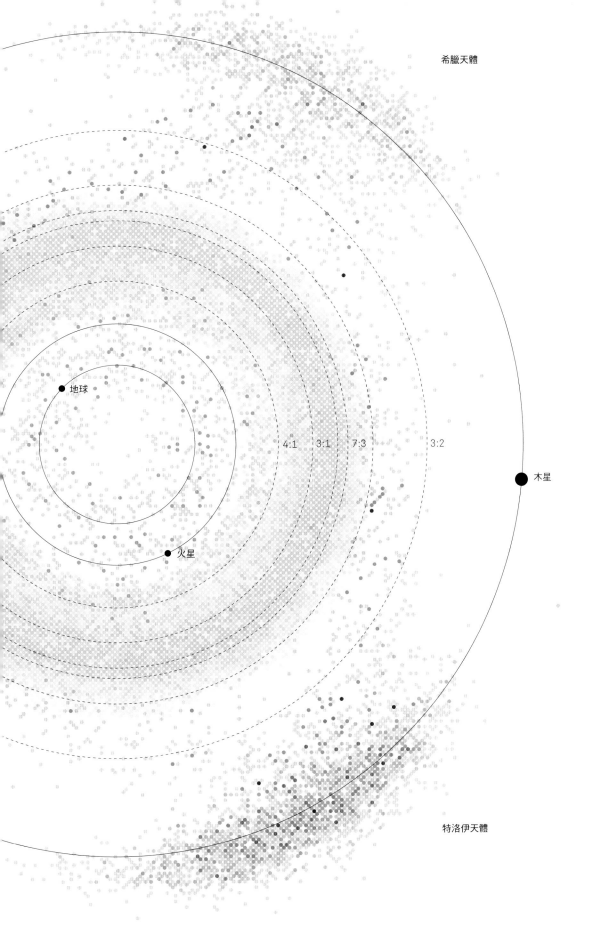

希臘天體

地球

4:1　3:1　7:3　　3:2

木星

火星

特洛伊天體

小行星的名稱

有關太陽系主要星體的特徵、衛星和星環之命名主題，現今都有明確規範。不過倘若你發現了一顆小行星，你依然可以提出你喜歡的任何建議名稱。主要的規則是，名稱必須是獨有的。就小行星中心（Minor Planet Center）登錄的18,977顆已命名小行星，其中13,290顆都引證說明那顆小行星是依誰或什麼事物來命名的。名稱來自世界各地，範圍含括種種不同源頭。我們料想得到，許多都依科學家或天文學家（或者他們的親友）的姓名為名。另有些名稱出自山脈、村莊、神話角色、知名作者，甚至有蒙提·派森劇團（Monty Python）的角色。有些小行星的名字可以歸入多重類別。

● 娛樂

史恩康納萊星（Seanconnery，小行星13070）／史恩·康納萊（1930），主演詹姆士·龐德影片著稱的英國演員。

蒙提·派森星（小行星13681）／蒙提·派森的飛行馬戲團。

謝爾頓庫珀星（Sheldoncooper，小行星246247）／電視劇集《宅男行不行》（*The Big Bang Theory*）的劇中人。

▌ 親友

以發現人的熟人姓名命名的小行星當中，
19%出自子女，
18%出自妻子或丈夫，
16% 出自朋友，
16%出自父母親，
還有5%出自孫子女。

● 運動和休閒

羅傑費德勒星（Rogerfederer，小行星230975）／羅傑·費德勒（1981），瑞士網球選手。

丹增星（Tenzing，小行星6481）／丹增·諾蓋（1914-1986）成功首登聖母峰的尼泊爾登山家。

艾倫麥克阿瑟星（Ellenmacarthur，小行星20043）／艾倫·麥克阿瑟（1976），單人駕駛遊艇環球航行的英國女運動員。

● 地理學

納米比亞星（Namibia，小行星1718）／非洲國家。
白朗峰星（Mont Blanc，小行星10958）／歐洲最高峰。
奧克蘭星（Auckland，小行星19620）／紐西蘭最大城。

● 藝術和文學

埃舍爾星（Escher，小行星4444）／莫里茨·埃舍爾（1898–1972），荷蘭平面藝術家。

高第星（Gaudi，小行星10185）／安東尼·高第（1852-1926），西班牙建築師。

夏綠蒂勃朗特星（Charlottebronte，小行星39427）／夏綠蒂·勃朗特（1816-1855），英國小說家暨詩人。

從一九八四年起數量突增，這是
由於美國二十世紀各屆科學博覽
會常以獲勝者姓名來為小行星命
名所致。

科學和自然

達爾文星（Darwin，小行星1991）／查爾斯·達爾文
（1809－1882），英國博物學家。

霍金星（Hawking，小行星7672）／史蒂芬·霍金
（1942），以黑洞研究著稱的理論物理學家。

喬絲琳貝爾星（Jocelynbell，小行星25275）／喬絲
琳·貝爾（1943），發現脈衝星的英國天文物理學家。

弗萊明星（Fleming，小行星91006）／亞歷山大·弗
萊明（1881-1955），發現盤尼西林的英國生物學家暨
藥理學家。

碰撞迫在眉睫

我們每年都會發現好幾萬顆小行星，其中多數都非常小，長年遠離地球。然而我們不時也會遇上一記警鐘：某顆大型小行星恐怕就要逼近，引人心神不寧！

二〇二九年時，毀神星（小行星99942）會從距離地球約不到四萬公里處通過。就天文學尺度來看，這可不是非常遠——約只有月球距離的十分之一。假使它再稍微接近一些，就會釀成嚴重慘禍。

不過也有些小行星臨近時我們卻沒有見到。一九〇八年，一顆小行星撞擊俄羅斯通古斯地區（Tunguska），把範圍遼闊的樹林全都夷平。如今我們正密切注意這類天體，不過儘管近年來我們發現了好幾百顆，卻仍有漏網之魚。

二〇一三年二月，全世界赫然驚見一顆10～20米寬的小行星，無預警進入大氣層，在俄羅斯車里雅賓斯克（Chelyabinsk）上空爆炸，傷及一千多人。我們還遺漏了多少顆？

1900－2100年

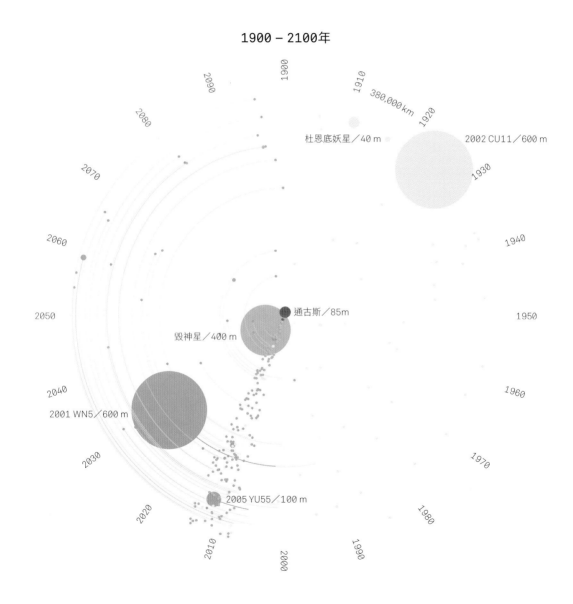

500 m／100 m／50 m／＜20 m

- 發生撞擊
- 飛掠並有起碼一個月的預警期
- 預警時間
- 飛掠但幾乎沒有或毫無預警
- 飛掠後才發現

2000－2030年

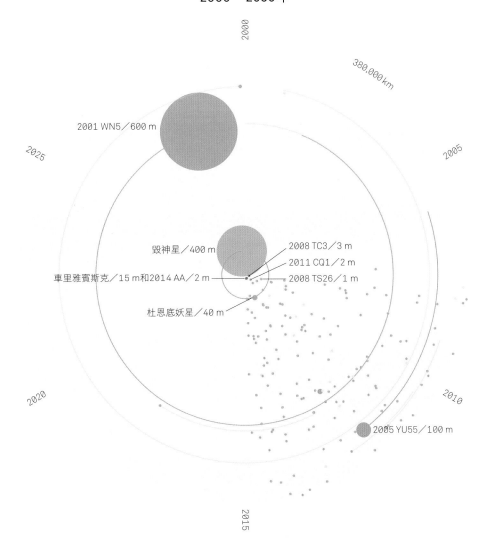

2000

380,000 km

2001 WN5／600 m

2005

2025

毀神星／400 m

2008 TC3／3 m

2011 CQ1／2 m

車里雅賓斯克／15 m和2014 AA／2 m

2008 TS26／1 m

杜恩底妖星／40 m

2020

2010

2005 YU55／100 m

2015

隕石的類型

我們不時會見到細小殘屑墜入地球，由於尺寸夠大，並沒有在大氣層中燒光或爆炸。這些物體從天上墜落時，只有小部分經觀測得知，大部分則是落在地表才被人發現，尤其最常見於南極地區冰蓋頂上。有些殘屑是岩質，另有些是鐵塊，還有的兼而有之。研究這些殘屑的化學組成，有時甚至能告訴我們它們源自哪些天體。

石質隕石（Stony meteorites）

絕大多數隕石主要都是岩石組成的，其材質和礦物都和地殼所見雷同，不過通常也都含有鐵等少量金屬。

球粒隕石（Chondrites）

球粒隕石是含有微小球粒狀特定礦物的石質隕石。這種隕石只曾稍微受熱，意思是從太陽系誕生起，它們的結構還不曾改變。其中最原始的類型稱為碳質球粒隕石。

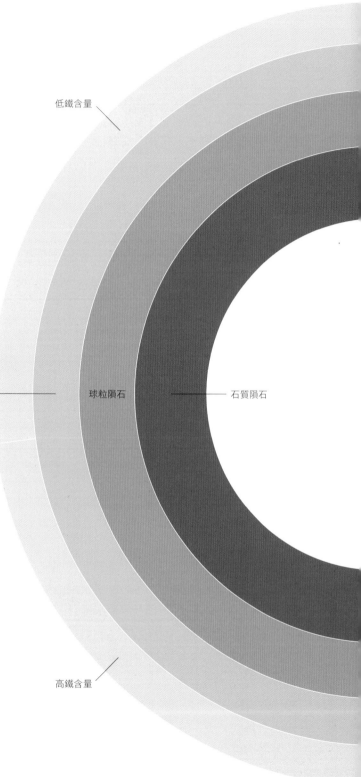

低鐵含量

普通球粒隕石 —— 　　球粒隕石 　　—— 石質隕石

高鐵含量

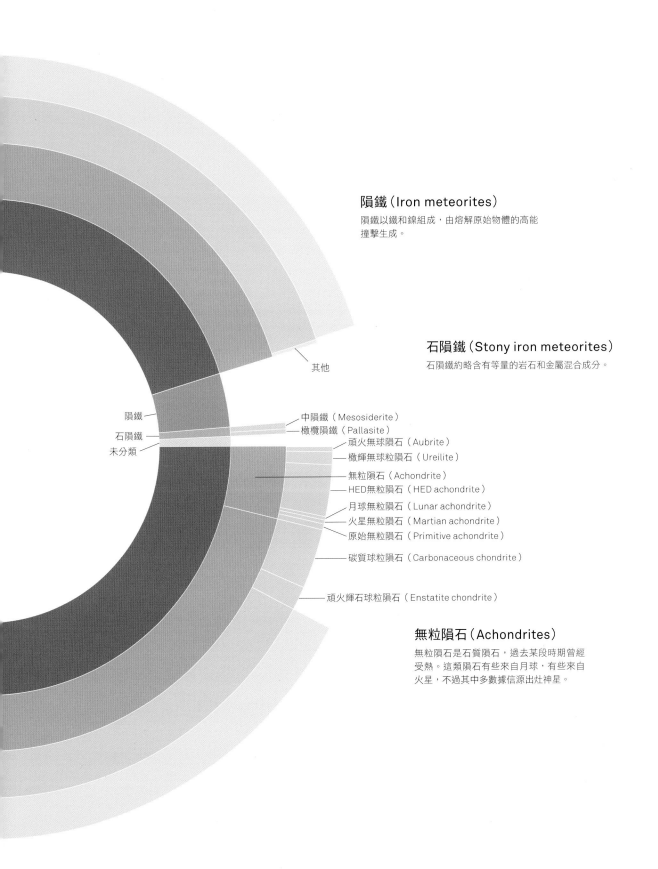

隕鐵（Iron meteorites）
隕鐵以鐵和鎳組成，由熔解原始物體的高能撞擊生成。

石隕鐵（Stony iron meteorites）
石隕鐵約略含有等量的岩石和金屬混合成分。

其他

隕鐵
石隕鐵
未分類

中隕鐵（Mesosiderite）
橄欖隕鐵（Pallasite）
頑火無球隕石（Aubrite）
橄輝無球粒隕石（Ureilite）
無粒隕石（Achondrite）
HED無粒隕石（HED achondrite）
月球無粒隕石（Lunar achondrite）
火星無粒隕石（Martian achondrite）
原始無粒隕石（Primitive achondrite）
碳質球粒隕石（Carbonaceous chondrite）
頑火輝石球粒隕石（Enstatite chondrite）

無粒隕石（Achondrites）
無粒隕石是石質隕石，過去某段時期曾經受熱。這類隕石有些來自月球，有些來自火星，不過其中多數據信源出灶神星。

彗星簡介

古人認為彗星是種預兆，如今我們知道，它們是以冰和岩石構成的小型星體，並沿著瘦長的軌道繞日運行。儘管以尾巴著稱，不過由於彗星大半時候都待在外太陽系，它們在那處寒冷地帶並不伸出尾巴。當彗星朝內向太陽墜落，溫度也跟著提高。彗星外層開始從中央核（central nuclei）昇華散逸，形成增大的彗尾。彗星其實有兩條尾巴；一條是塵埃尾（dust tail），

另一條是離子尾（ion tail）。

迄至二〇一五年為止，已經有六顆彗星曾有太空船造訪。二〇一四年，歐洲太空總署的羅塞塔號太空船探訪67P／丘留莫夫–格拉西緬科彗星，當時它還投落菲萊登陸器（Philae），完成史上頭一趟彗星軟著陸作業。

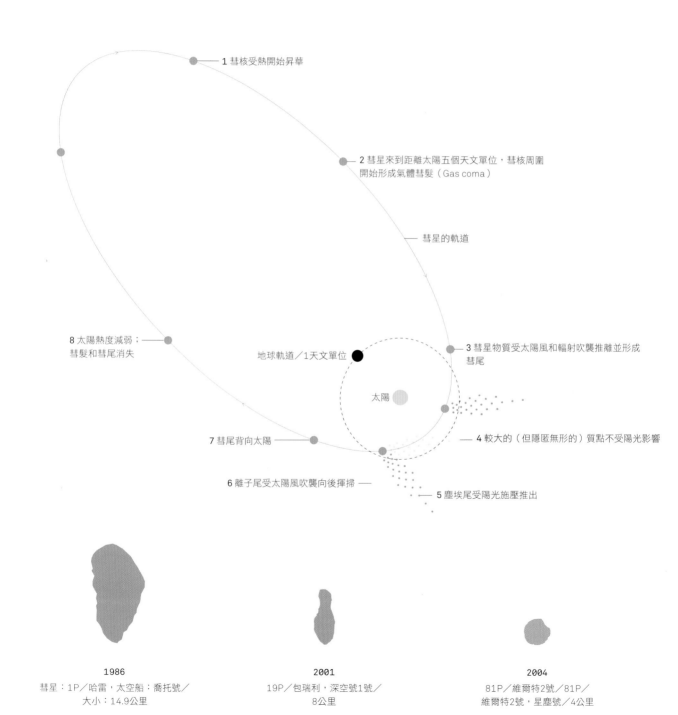

1 彗核受熱開始昇華

2 彗星來到距離太陽五個天文單位，彗核周圍開始形成氣體彗髮（Gas coma）

彗星的軌道

8 太陽熱度減弱；彗髮和彗尾消失

地球軌道／1天文單位

太陽

3 彗星物質受太陽風和輻射吹襲推離並形成彗尾

4 較大的（但隱匿無形的）質點不受陽光影響

7 彗尾背向太陽

6 離子尾受太陽風吹襲向後揮掃

5 塵埃尾受陽光施壓推出

1986
彗星：1P／哈雷，太空船：喬托號／
大小：14.9公里

2001
19P／包瑞利，深空號1號／
8公里

2004
81P／維爾特2號／81P／
維爾特2號，星塵號／4公里

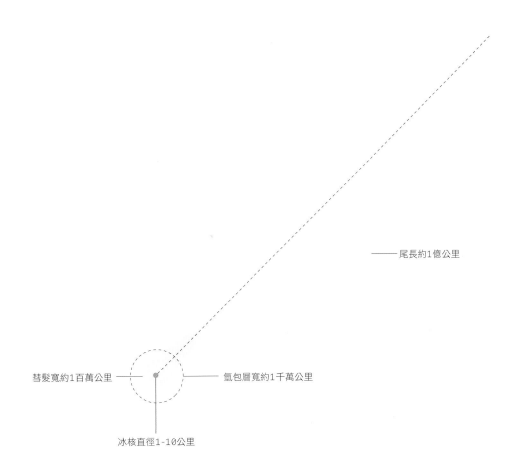

——尾長約1億公里

彗髮寬約1百萬公里 —— —— 氫包層寬約1千萬公里

冰核直徑1-10公里

2005
9P/坦普爾1號，
深度撞擊號／7.6公里

2010
103P／哈特雷2號，
系外行星觀測延伸任務／1.6公里

2014
67P／丘留莫夫–格拉西緬科彗星，
羅塞塔號／4.3公里

彗星類型

我們通常只在彗星進入內太陽系時才見到它們，不過彗星的發源地卻
是遠在天邊。彗星可依軌道區分好幾大類。

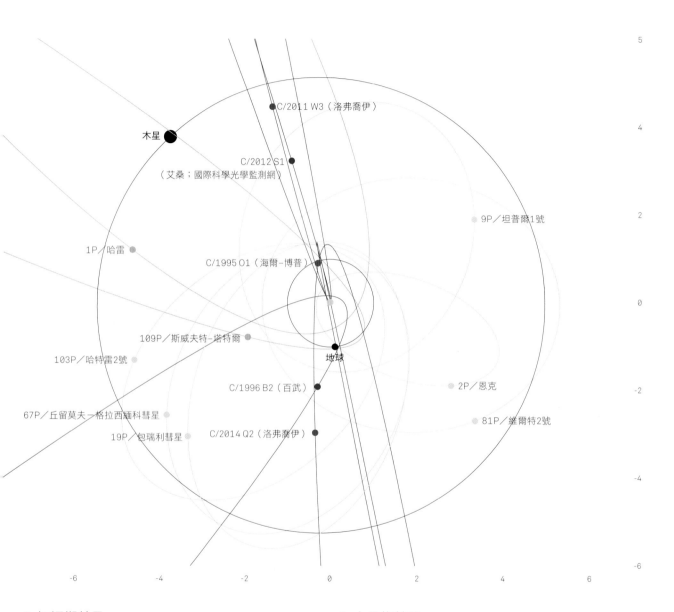

● 短週期彗星

短週期彗星的軌道週期不到兩百年，多數都逗留在古柏帶。有
些會來到較高仰角處，如1P／哈雷彗星，據信它們都根源自歐
特彗星雲。

● 木星族彗星

木星族彗星是軌道週期不到二十年的短週期彗星，一般都在行
星同向平面上繞軌運行。這群彗星據信都在古柏帶上生成，不
過一旦太靠近巨行星，就會被甩進內側。如今它們的運行軌道
延伸遠達木星軌道。

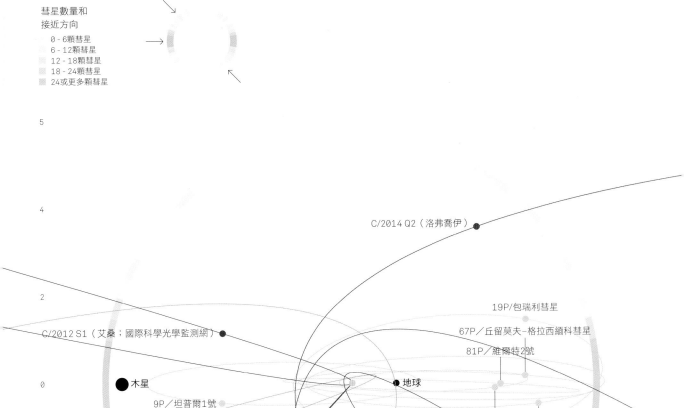

彗星數量和
接近方向

　0 - 6顆彗星
　6 - 12顆彗星
　12 - 18顆彗星
　18 - 24顆彗星
　24或更多顆彗星

5

4

C/2014 Q2（洛弗喬伊）

2

19P／包瑞利彗星

67P／丘留莫夫–格拉西緬科彗星

81P／維爾特2號

C/2012 S1（艾桑；國際科學光學監測網）

0　●木星　　　　　　　　　　　●地球

9P／坦普爾1號

2P／恩克

103P／哈特雷2號

1P／哈雷

-2

C/1996 B2（百武）

C/2011 W3（洛弗喬伊）

-4

109P／斯威夫特–塔特爾

C/1995 O1（海爾–博普）

-6

-6　　　-4　　　-2　　　0　　　2　　　4　　　6

● 長週期彗星

長週期彗星的軌道週期超過兩百年，一般都耗時數千年。這類彗星源自歐特雲，不過已經零星朝內太陽系散布。「掠日彗星」是指近日點非常接近太陽的彗星，好比C/2011 W3（洛弗喬伊）。據信其中多數都是一顆較大彗星在數千年前太過貼近太陽，解體殘留的碎片。

● 非週期彗星

非週期彗星是軌道週期極長，不清楚是否會回返內太陽系，或者就算會回返，恐怕再過數百萬年都回不來的彗星。它們有可能永遠逸出太陽重力範圍之外。彗星C/2012 S1（國際科學光學監測網）在二〇一三年年尾第一次來到內太陽系，那是顆掠日彗星，由於太過貼近太陽終至解體，只殘留一團氣體和塵埃雲霧。

彗星獵人

人類自古便知道彗星，英文稱comets，語出指稱「長髮」的希臘單詞（kometes）。多少世紀以來，種種說法層出不窮，有人說它們是光線折射現象，或大氣蒸汽，乃至於連串恆星等。如今我們知道，彗星繞日運行，許多本身都具週期屬性。

望遠鏡的發明激發一陣彗星發現熱潮。最早期的彗星發現人之一是卡蘿琳·赫歇耳（Caroline Herschel），她的成就驚人，發現了8顆彗星。讓–路易·龐斯（Jean-Louis Pons）長期保持單人發現最多顆彗星的紀錄，共37顆。這個紀錄在一九八〇／九〇年代險些被舒梅克夫婦——卡蘿琳和尤金（Caroline and Eugene Shoemaker）打平，這對夫妻檔也共同發現了一九九四年撞擊木星的著名彗星：舒梅克–李維9號（Shoemaker-Levy 9）。到了二十一世紀，勞勃·麥克諾特（Robert H. McNaught）破了最高紀錄，名下共有82顆彗星。

二十一世紀頻繁推出種種地面和太空計畫，除了進行主要觀測作業之外，也經常附帶發現彗星。其中最著名的是歐洲太空總署／美國航太總署的「太陽和太陽圈探測衛星」任務期間做出的成果，這枚衛星原本設計來監測太陽，結果附帶發現超過2千8百顆彗星，這得歸功於業餘和專業彗星獵人投入爬梳太空船傳回的影像。收穫最豐碩的業餘人士，或許就是英國天文學家麥克·奧茨（Mike Oates），他就這樣發現了144顆彗星。

發現方法和迄今總數
- 人類
- 機器人檢測
- 太空船

W. Baade 2 | A. Boattini 25 | H. Brewington 5 | Catalina 47 | E.J. Delporte 2 | E. Everhart 2 | J.F. Gambart 5 | J. Grigg 3 | J.R. Hind 2

R. Austin 3 | T. Blathwayt 2 | T. Bressi 2 | R. Cardinal 2 | Z. Daniel 3 | D. Evans 2 | J.G. Galle 3 | A.R. Gibbs 23 | R.E. Hill 22

R. van Arsdale 2 | M. Bester 6 | W.A. Bradfield 17 | S. Bus 2 | V. Daimaca 2 | G. Ensor 2 | W.F. Gale 3 | M. Giacobini 11 | C. Herschel 8

H.L. d'Arrest 3 | E. Beshore 2 | E.L.G. Bowell 2 | R. Burnham, Jr. 6 | J.E. Coggia 5 | L. Elenin 2 | S. Fujikawa 6 | F. Gerber 2 | C.W. Hergenrother 3

S. Arend 3 | G. Bernasconi 2 | Bouvard 2 | K.C. Bruhns 5 | K. Churyumov 2 | A. Dubiago 2 | C. Friend 3 | H. van Gent 3 | E.F. Helin 12

J.T. Alu 5 | J. Bennett 2 | A. Borrelly 10 | J. Broughton 2 | E.J. Christensen 21 | M. Drinkwater 3 | A.F.I. Forbes 3 | T. Gehrels 6 | E. Hartwig 3

G. Alcock 5 | E.E. Barnard 16 | G. Borisov 3 | T. Brorsen 5 | N. Chernykh 3 | G.B. Donati 5 | P. Finsler 2 | G.J. Garradd 17 | M. Hartley 13

G.O. Abell 3 | C.W. Baeker 3 | C. Bolelli 2 | W.R. Brooks 21 | K. Cernis 3 | W.F. Denning 5 | W.D. Ferris 3 | G. Zing 2 | R.G. Harrington 9

- 6 IRAS
- 6 E. Klinkerfues
- 2 S. Kozik
- 17 Lemmon
- 10 D. Machholz
- 12 C. Messier
- 2 S. Murakami
- 2 Palomar
- 2 E. Peterson
- 5 B.P. Roman
- 14 STEREO
- 2 H.E. Schuster
- 32 E. Shoemaker
- 14 Swift
- 7 D. du Toit
- 4 Y. Väisälä
- 6 F.L. Whipple
- 2 T. Yanaka

- 10 K. Ikeya
- 2 D. Klinkenberg
- 9 R. Kowalski
- 3 K. Lawrence
- 6 T. Lovejoy
- 5 J.E. Mellish
- 15 J. Mueller
- 5 L. Pajdušáková
- 2 C. Peters
- 3 L. Respighi
- 19 SOLWIND
- 3 A. Schaumasse
- 32 C.S. Shoemaker
- 2 M. Suzuki
- 2 J. Tilbrook
- 2 S. Utsunomiya
- 3 R.M. West
- 3 M. Wolf

- 2 M.L. Humason
- 2 T. Kiuchi
- 6 C.T. Kowal
- 6 S. Larson
- 5 M. Lovas
- 4 R. Meier
- 12 A. Mrkos
- 4 L. Oterma
- 9 C.D. Perrine
- 2,842 SOHO
- 2 P. Shajn
- 3 T.B. Spahr
- 2 U. Thiele
- 6 H.P. Tuttle
- 2 F.G. Watson
- 5 C.A. Wirtanen

- 2 D. Hughes
- 2 M. Jäger
- 2 K. Korlevic
- 3 C.I. Lagerkvist
- 20 LONEOS
- 7 P. Méchain
- 2 H. Mori
- 3 H.W.M. Olbers
- 2 F. Pereyra
- 2 K.W. Reinmuth
- 20 SMM
- 2 J.M. Schaeberle
- 9 T. Seki
- 29 Spacewatch
- 6 Tenagra
- 2 R. Tucker
- 4 A.A. Wachmann
- 10 F.A.T. Winnecke

- 12 M. Honda
- 2 C. Juels
- 2 A. Kopff
- 222 LINEAR
- 4 J. Montani
- 7 G. Neujmin
- 12 L. Peltier
- 6 W. Reid
- 2 K. Rümker
- 4 Y. Sato
- 10 J.V. Scotti
- 2 C.D. Slaughter
- 12 W. Tempel
- 2 A.F. Tubbiolo
- 18 WISE
- 7 A.G. Wilson

- 5 P.R. Holvorcem
- 3 A.F.A.L. Jones
- 2 N. Kojima
- 8 La Sagra
- 2 E. Liais
- 82 R.H. McNaught
- 2 J. Montaigne
- 2 A. Nakamura
- 2 J. Paraskevopoulos
- 2 M. Read
- 13 K.S. Russell
- 2 A. Sandage
- 4 K.G. Schweizer
- 5 J.F. Skjellerup
- 5 K. Takamizawa
- 3 Tsuchinshan
- 6 F. de Vico
- 4 A. Wilk

- 6 H.E. Holt
- 4 E. Johnson
- 5 L. Kohoutek
- 2 Y. Kushida
- 2 W. Li
- 2 R.S. McMillan
- 2 M. Mitchell
- 3 NEOWISE
- 55 PANSTARRS
- 2 F. Quénisset
- 3 M. Rudenko
- 2 Y. Saigusa
- 4 F.K.A. Schwassmann
- 16 B.A. Skiff
- 3 A. Tago
- 2 K. Tritton
- 4 M.E. Van Ness
- 7 P. Wild

- 2 E. Holmes
- 3 C. Jackson
- 2 T. Kobayashi
- 2 L. Kresák
- 22 D.H. Levy
- 2 A. Maury
- 5 J.H. Metcalf
- 54 NEAT
- 37 J.L. Pons
- 2 D. Ross
- 10 SWAN
- 3 M. Schwartz
- 13 Siding Spring
- 3 V. Tabur
- 2 C. Torres
- 3 G. Van Biesbroeck
- 2 G.L. White

古柏帶

一九九二年，天文學家在海王星軌道之外發現了一顆小型星體，稱為1992 QB1，如今它仍伴隨另外約一千顆已知天體，連同冥王星一道在古柏帶運行。鬩神星在二〇〇五年被發現之後，我們這才領悟，冥王星並不是外太陽系唯一的大型天體。它們的運行軌道多半不是圓的，而是呈橢圓形，而且繞軌時還會不斷改變與太陽的相隔距離。

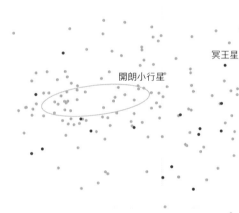

200 km / 500 / 1000 / 2000

- QB1天體
- 冥族小天體
- 1:2共振海王星外天體
- 離散盤
- 其他

冥王星／俯視圖

古柏帶物體的軌道，往往傾斜偏離八大行星的軌道面，因此它們除了會靠近、遠離太陽之外，還會上下移動。

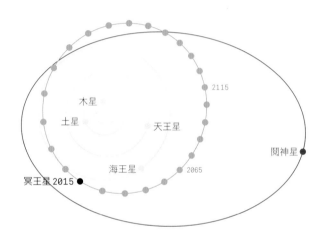

2115

木星

土星

天王星

海王星

2065

鬩神星

冥王星 2015

開朗小行星

冥王星

古柏帶內多數天體都貼著海王星的外側繞行，而且有別於冥王星，並不和它的軌道交錯。這群星體稱為「QB1天體」，名稱得自第一顆被人發現的星體：1992 QB1。

那裡有一群群天體的軌道和海王星軌道共振。海王星每繞日轉三圈，「冥族小天體」便和冥王星同樣繞日轉兩圈。海王星每繞日轉兩圈，「1:2共振海王星外天體」便繞日轉一圈。

有些天體的軌道非常散亂，據信這是肇因於外行星的引力影響，特別是木星和海王星。這些天體構成「離散盤」。

冥王星／立視圖

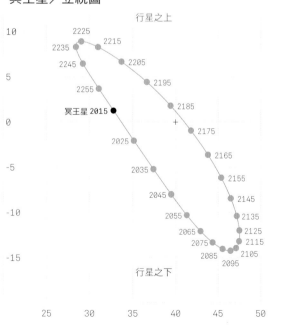

行星之上

10　2225
　　2235　2215
2245　　　2205
　　　　2195
2255
　　　2185
冥王星 2015　　2175
　　　　　+
2025　　　2165
　　　　2155
2035
2045　　2145
2055　　2135
2065　2125
2075　2115
2085　2105
2095

行星之下

10
5
0
-5
-10
-15

25　　30　　35　　40　　45　　50　　　　0　和太陽相隔距離（×地–日距離）　　　20

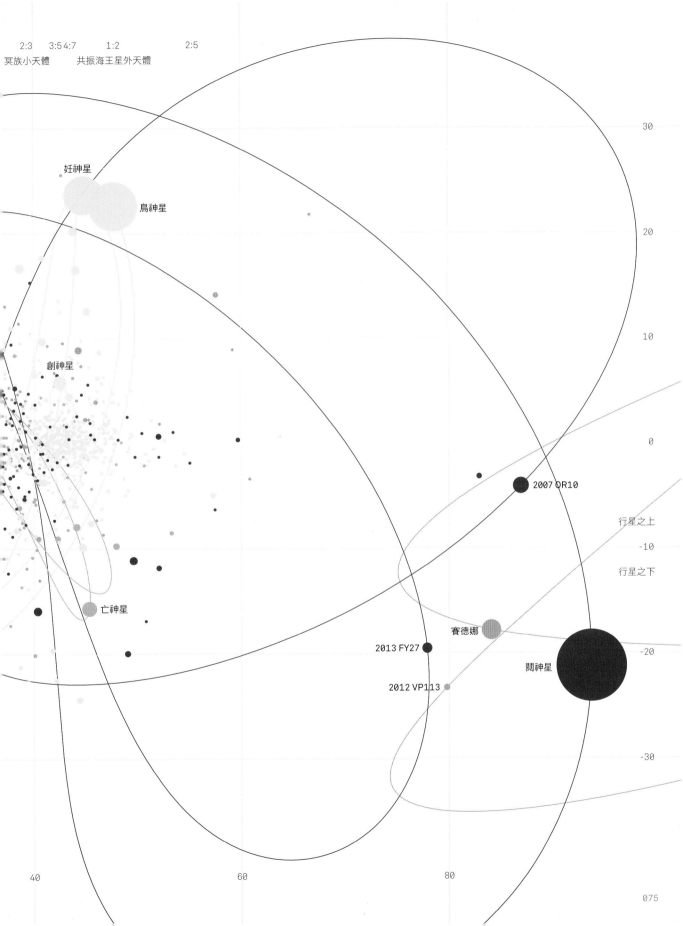

跳高

假定你在地球上能跳半公尺高，那麼你在月球、木星或某顆小行星上，各能跳得多高？成績取決於天體質量和大小。若是太小太輕的天體，恐怕你就永遠回不來了。

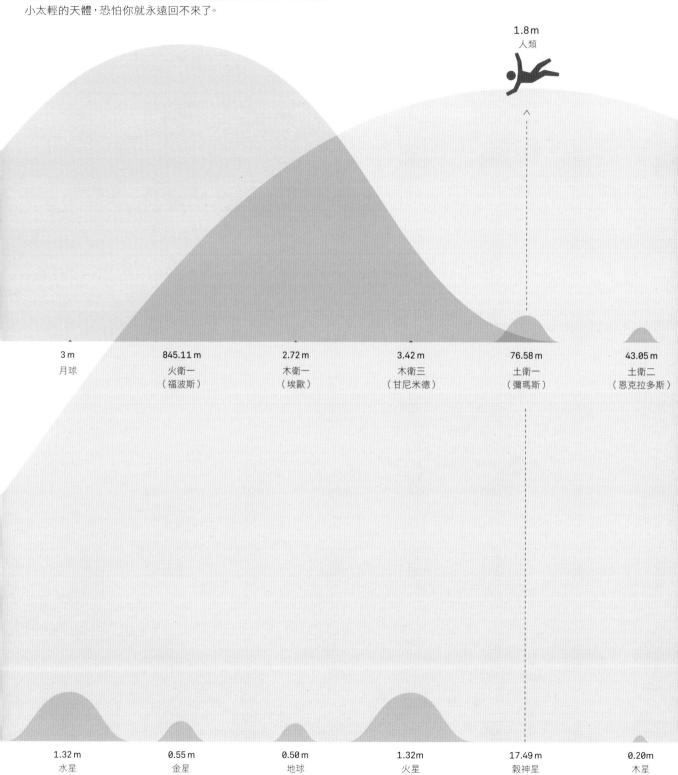

1.8 m
人類

3 m	845.11 m	2.72 m	3.42 m	76.58 m	43.05 m
月球	火衛一（福波斯）	木衛一（埃歐）	木衛三（甘尼米德）	土衛一（彌瑪斯）	土衛二（恩克拉多斯）

1.32 m	0.55 m	0.50 m	1.32 m	17.49 m	0.20 m
水星	金星	地球	火星	穀神星	木星

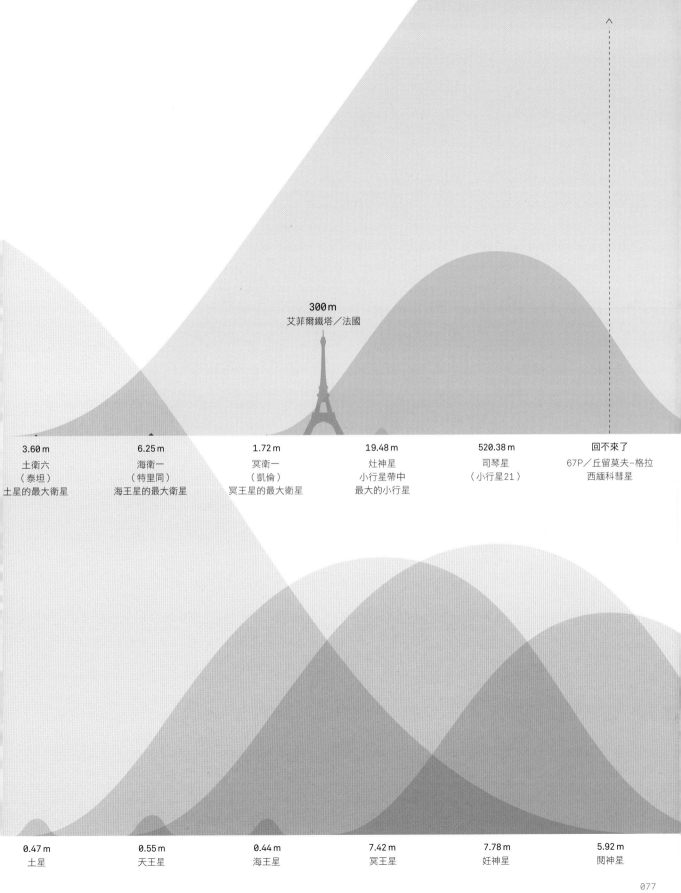

300 m
艾菲爾鐵塔／法國

3.60 m
土衛六
（泰坦）
土星的最大衛星

6.25 m
海衛一
（特里同）
海王星的最大衛星

1.72 m
冥衛一
（凱倫）
冥王星的最大衛星

19.48 m
灶神星
小行星帶中
最大的小行星

520.38 m
司琴星
（小行星21）

回不來了
67P／丘留莫夫–格拉
西緬科彗星

0.47 m
土星

0.55 m
天王星

0.44 m
海王星

7.42 m
冥王星

7.78 m
妊神星

5.92 m
鬩神星

太陽系歷史年表

我們能精確知道太陽系的年齡，得歸功於隕石得出的證據，因為隕石含有最早期凝固的物質。不過從那時起，還發生了許多事情……

⌇ 冰河期　　⌇ 天文學　　⌇ 地質學　　⌇ 生命　　☠ 滅絕事件

A － 4,568百萬年／小行星和彗星形成
B － 4,400百萬年／土星環形成
　　 4,400百萬年／地球的最古老礦物
C － 4,100百萬年／太初生命有可能出現
D － 4,000百萬年／地球的最古老岩石
E － 3,600百萬年／最早的簡單的單細胞生命和微化石
F － 2,300百萬年／地球大氣出現氧氣
G － 2,100百萬年／最早的光合作用

-4,568 – 4,564百萬年／巨行星形成

-4,568 – 4,558百萬年／類地行星形成

-4,563 – 4,553百萬年／氣體和塵埃盤（dust disk）耗竭

-4,568 – 4,000百萬年／冥古宙（Hadean eon）

-4,508 – 4,478百萬年／月球形成

A

4,500百萬年

-4,300 – 4,100百萬年／月球的大型盆地形成

-4,000 – 2,500百萬年／太古宙（Archaen eon）

E

-3,500百萬年

-3,768 – 3,668百萬年／天王星和海王星調換位置

-3,000百萬年

-1,500百萬年

H

-1,000百萬年

-420 – 370百萬年／最早的蕨類樹木和種子植物

I

-370 – 325百萬年／最早的陸上脊椎動物

-325 – 300百萬年／最早的爬行類、煤炭森林、歷來最高的大氣氧含量

☠ 70%物種

L ☠

-200 – 66百萬年／恐龍宰制世界

70-75%物種

-100百萬年

-56 – 35百萬年／海底藻類降低大氣二氧化碳含量

-66 – 57百萬年／最早的大型哺乳類和靈長類動物

☠

75%物種

-50百萬年

M

-40百萬年

+50 – 60百萬年／加拿大洛磯山侵蝕消失

T

S

R

Q

P

O

N

現在

-2.6 – 0百萬年／當前冰河時期

100百萬年

U

250百萬年

V

500百萬年

2,000百萬年

2,500百萬年

4,000 – 5,000百萬年／仙女座星系和銀河系合併；太陽有12%機率會被逐出新的「銀女星系」

4,000百萬年

4,500百萬年

6,000百萬年

6,500百萬年

7,000百

H　-1,000百萬年／最早的簡單多細胞化石
I　-465百萬年／最早的綠色植物和真菌
J　-300百萬年／盤古超級大陸形成
K　-250百萬年／最早的恐龍、鱷和哺乳動物
L　-200百萬年／盤古大陸分裂成岡瓦那古陸和勞拉西亞古陸（Laurasia）
M　-50百萬年／喜馬拉雅山脈開始形成
N　-8百萬年／從大猩猩演化分家
O　-4百萬年／從黑猩猩演化分家

P　-2.3百萬年／最早的人科種類
Q　-1.4百萬年／直立人第一次出現
R　-0.2百萬年／智人第一次出現
S　50百萬年／火衛一撞擊火星，或者解體形成火星環
T　80百萬年／號稱「大島」的夏威夷會沉到海洋底下
U　250百萬年／又一片超級大陸形成
V　600百萬年／月球相隔太遠，再也不會發生日全食
W　3,500百萬年／這時地球的大氣，已經比較像是金星的大氣

-4,468 – 4,068百萬年／木星和土星產生共振

-4,368 – 4,268百萬年／星團疏散開來

B

C

-4,068 – 3,868百萬年／後期重轟炸期

D

-4,000百萬年

-2,800 – 2,500百萬年／地球板塊穩定下來

-2,500 – 2,100百萬年／冰河時期

-2,500 – 540百萬年／元古宙（Protozoic eon）

G

F

-2,000百萬年

-840 – 630百萬年／冰河時期

-540 – 0百萬年／顯生宙（Phanerozoic eon）

-500百萬年

-445 – 420百萬年／最早的有頜魚類

-460 – 420百萬年／冰河時期

60-70%物種

-360 – 260百萬年／冰河時期

-540 – 485百萬年／寒武紀大爆發

J

K

-250百萬年／90-96%物種

-75百萬年

-34 – 23百萬年／哺乳類快速演化

-30百萬年

-23 – 7百萬年／森林普遍分布，降低大氣二氧化碳含量

-20百萬年

1,000百萬年

1,000 – 2,000百萬年／太陽能量輸出增長，海洋沸騰蒸散

1,500百萬年

3,000百萬年

W

3,500百萬年

5,000百萬年

5,420 – 7,720百萬年／太陽膨脹成紅巨星，有可能把地球吞沒

5,500百萬年

7,500百萬年

旅行時間

遊遍太陽系要花多少時間？這就得看你走多快了。有可能的話，以百公里時速開車上月球得花半年，若是以光速行進，只需花一秒多鐘就夠了。

- 行星／矮行星
- 恆星
- 其他

1秒鐘　　　　　　1分鐘　　　　　　1小時　　　　　　1天

曲速9.975（星艦系列）／
1,071,178,671,562公里時速

南門二（半人馬座α）

天王星

冥王星

閻神星

火星　　　　土星

金星　　木星　　海王星　太陽圈頂

光速／1,079,252,849公里時速

1%光速／10,792,528公里時速

地球同步衛星　　月球

太陽神–A探測器／252,793公里時速

國際太空站

阿波羅11號／40,250公里時速

協和式客機／2,180公里時速

新幹線子彈列車／322公里時速

汽車／100公里時速

腳踏車／24公里時速

步行／5公里時速

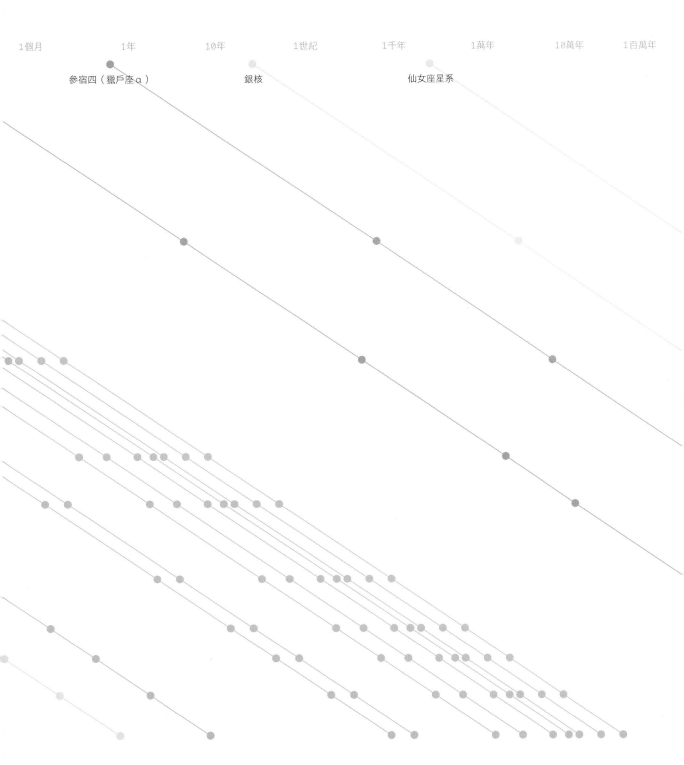

1個月　　　　1年　　　10年　　　1世紀　　　1千年　　　1萬年　　　10萬年　　　1百萬年

參宿四（獵戶座α）　　　銀核　　　　仙女座星系

第三章／望遠鏡

光學望遠鏡／大小很重要

不論什麼款式的望遠鏡，全都有兩項功能。首先，望遠鏡能把穿過主口徑的光線集中起來，不論那是指透過透鏡或反射鏡。其次，它能把光線聚焦到一台照相機、軟片、目鏡或其他類型的偵測器上。這項功能可以採行多種不同做法，而且一般都得用上額外透鏡或反射鏡，從而讓望遠鏡呈現五花八門的不同模樣，不過這兩項主要職掌，從第一台望遠鏡在十七世紀早期投入使用以來，就始終不曾改變。過去四個世紀以來，這類儀器的發展大半都集中在讓主反射鏡或主透鏡變得更大。

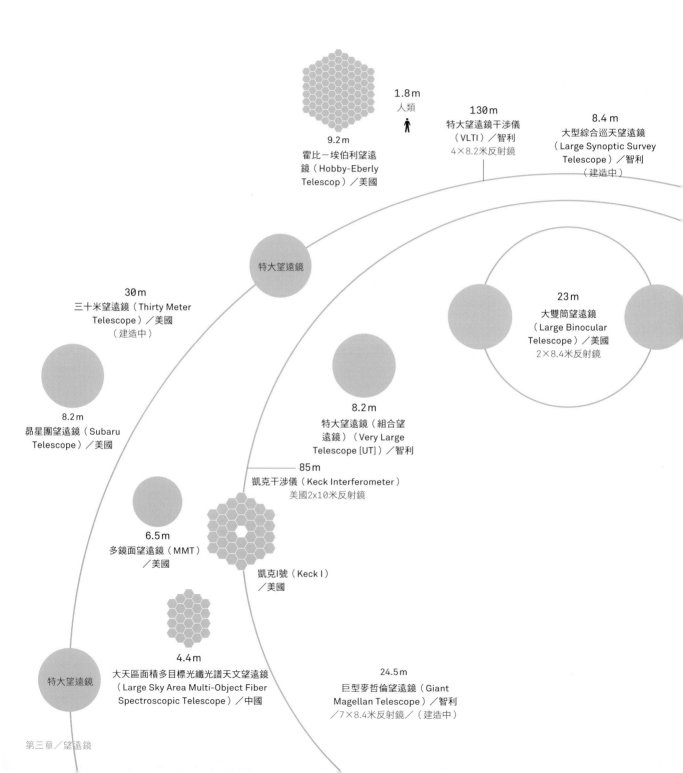

9.2m
霍比－埃伯利望遠鏡（Hobby-Eberly Telescop）／美國

1.8m
人類

130m
特大望遠鏡干涉儀（VLTI）／智利
4×8.2米反射鏡

8.4m
大型綜合巡天望遠鏡（Large Synoptic Survey Telescope）／智利（建造中）

特大望遠鏡

30m
三十米望遠鏡（Thirty Meter Telescope）／美國（建造中）

23m
大雙筒望遠鏡（Large Binocular Telescope）／美國
2×8.4米反射鏡

8.2m
昂星團望遠鏡（Subaru Telescope）／美國

8.2m
特大望遠鏡（組合望遠鏡）（Very Large Telescope [UT]）／智利

85m
凱克干涉儀（Keck Interferometer）
美國2x10米反射鏡

6.5m
多鏡面望遠鏡（MMT）／美國

凱克I號（Keck I）／美國

4.4m
大天區面積多目標光纖光譜天文望遠鏡（Large Sky Area Multi-Object Fiber Spectroscopic Telescope）／中國

特大望遠鏡

24.5m
巨型麥哲倫望遠鏡（Giant Magellan Telescope）／智利／7×8.4米反射鏡／（建造中）

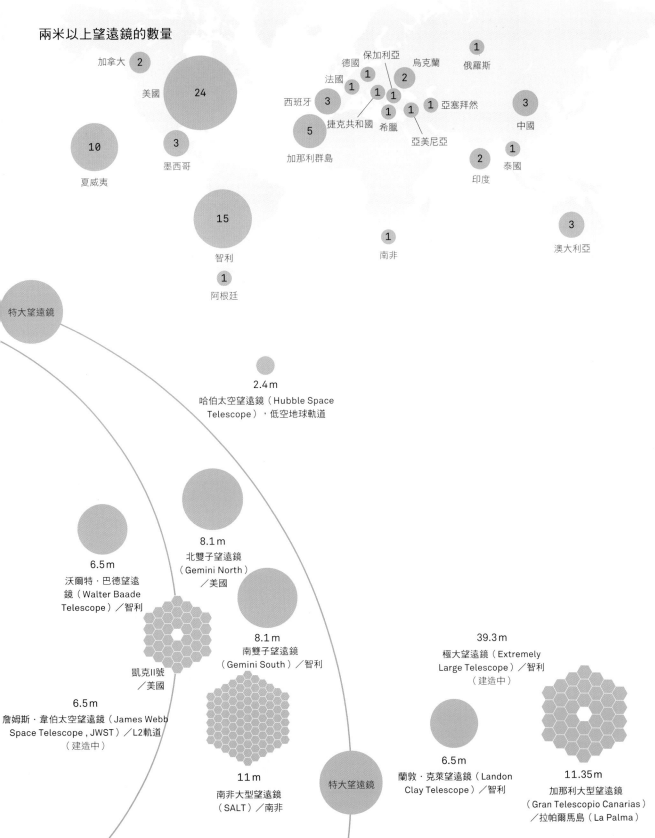

兩米以上望遠鏡的數量

加拿大 **2**

美國 **24**

10 夏威夷

3 墨西哥

西班牙

法國 德國 保加利亞 烏克蘭 **1** 俄羅斯

3 **1** **1** **1** **2**

5 **1** **1** **1** 亞塞拜然 **3** 中國

加那利群島 捷克共和國 希臘 亞美尼亞 中國

2 印度 **1** 泰國

15 智利

1 南非

3 澳大利亞

1 阿根廷

特大望遠鏡

2.4m
哈伯太空望遠鏡（Hubble Space Telescope），低空地球軌道

8.1m
北雙子望遠鏡
（Gemini North）
／美國

6.5m
沃爾特・巴德望遠鏡（Walter Baade Telescope）／智利

8.1m
南雙子望遠鏡
（Gemini South）／智利

凱克II號
／美國

6.5m
詹姆斯・韋伯太空望遠鏡（James Webb Space Telescope，JWST）／L2軌道
（建造中）

11m
南非大型望遠鏡
（SALT）／南非

特大望遠鏡

39.3m
極大望遠鏡（Extremely Large Telescope）／智利
（建造中）

6.5m
蘭敦・克萊望遠鏡（Landon Clay Telescope）／智利

11.35m
加那利大型望遠鏡
（Gran Telescopio Canarias）
／拉帕爾馬島（La Palma）

085

大氣窗口

當我們想起夜空，總認為那裡充滿星辰，然而我們的眼睛，卻只讓我們見到光線全頻譜當中極小的一部分。不過，只要使用望遠鏡來觀測較長和較短波長，我們就能見到五花八門的星體和種種天體物理現象。地球大氣擋住了大半光線，留下一些波長窗口供我們在地面觀測。為取得最佳視野，望遠鏡必須安置在山頂、隨飛機運載飛行、垂掛在高空氣球底下，或甚至於發射進入太空。

● 無線電　● 紅外線／次毫米　● 光學　◐ X射線／伽瑪射線

| 波長 100米 | 10釐米 | 1毫米 | 100微米（μm） | 30微米 |

無線電
氫氣、脈衝星

微波
宇宙微波背景

次毫米
冷塵埃

遠紅外線
暖塵埃

宇宙的亮度

普朗克衛星
（Planck）

赫歇耳太空天文台
（Herschel Observatory）

太空

氣球運載大孔徑亞毫米波望遠鏡（BLAST）

高空氣球

〈不透明／透明〉

飛機

聖母峰

阿塔卡瑪大型毫米及次毫米波陣列

毛納基火山
（Mauna Kea）

詹姆斯・馬克士威望遠鏡

阿雷西博天文台

海平面

| 30微米 | 7微米 | | 800奈米 | 400奈米 | | 10奈米 | | 0.1奈米 | | 0.001奈米 |

中紅外線	近紅外線	可見光	紫外線	X射線	伽瑪射線
熱塵埃	冷卻的恆星	恆星	高熱的年輕恆星	環繞雙星、黑洞 和超新星的高熱氣體	超新星、極超新星

詹姆斯・韋伯太空望遠鏡（規畫中）

史匹哲	哈伯	錢卓	費米
（Spitzer Space Telescope）	（Hubble Space Telescope）	（Chandra）	（Fermi）

同溫層紅外線天文台

凱克

天空是界限

不論口徑多大，光學望遠鏡都沒辦法看透雲層，所以多數大型望遠鏡都盡可能搭建在最高位置：架設在雲層之上。即便如此，望遠鏡面對的最大阻礙，依然是地球自己的大氣。最佳地點多半位於山頂，因此歐美才在山頂架設天文台。二十世紀後半期間，更多偏遠地點也都經密集使用，好比加那利群島、夏威夷的毛納基火山，還有智利的安地斯山脈。

海拔超過四千米處，仍會發生空氣事件，許多最大型望遠鏡都用上了調適光學等相關技術，來盡可能達到最佳解析度。

若採用較長波長，大氣所含水蒸氣的問題就比較嚴重，所以找到非常高的乾燥地點就極為重要了。這種地點的最佳實例就是智利的阿塔卡瑪沙漠（Atacama Desert），那裡架設了好幾台光學望遠鏡，以及阿塔卡瑪大型毫米及次毫米波陣列（ALMA telescope array）。緊跟後面的第二名是南極，那裡非常乾燥，還有厚厚一片冰層，所以海拔也相當高。

紅外線／次毫米望遠鏡

光學望遠鏡

建造中

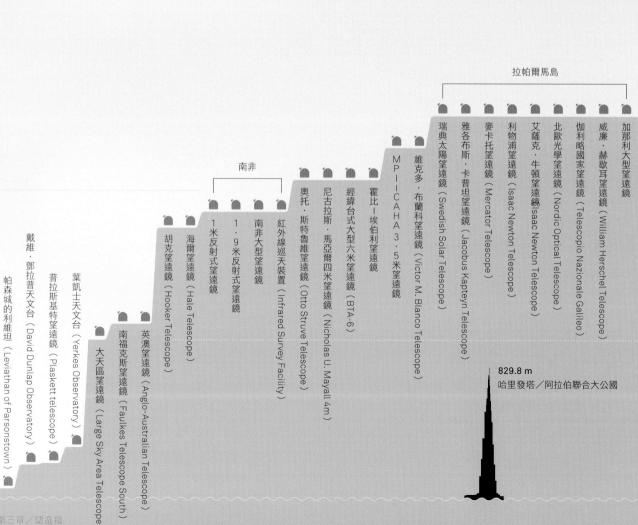

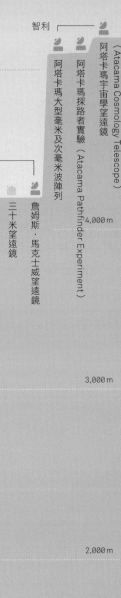

智利

（Atacama Cosmology Telescope）阿塔卡瑪宇宙學望遠鏡

阿塔卡瑪探路者實驗（Atacama Pathfinder Experiment）

阿塔卡瑪大型毫米及次毫米波陣列

4,000 m

夏威夷

加法夏望遠鏡（Canada-France-Hawaii Telescope）

英國紅外線望遠鏡（UKIRT）

昴星團望遠鏡（Subaru Telescope）

北雙子望遠鏡

凱克一號

凱克二號

紅外線望遠鏡裝置

三十米望遠鏡

詹姆斯·馬克士威望遠鏡

4,697 m
白朗峰／法國和義大利

大雙筒望遠鏡

極大望遠鏡

北福克斯望遠鏡（Faulkes Telescope North）

3,000 m

毫米無線電天文學研究院三十米望遠鏡（IRAM 30m）

3·67米先進電子光學系統望遠鏡（3.67m AEOS Telescope）

南極望遠鏡

特大望遠鏡

大型綜合巡天望遠鏡

南雙子望遠鏡

南部天體物理學研究望遠鏡（SOAR）

多鏡面望遠鏡

布爾高原干涉儀（Plateau de Bure Interferometer）

巨型麥哲倫望遠鏡

蘭敦·克萊望遠鏡

沃爾特·巴德望遠鏡

2,000 m

新技術望遠鏡（New Technology Telescope）

歐洲南天天文台3·6望遠鏡（ESO 3.6 m Telescope）

1,000 m

海平面

天空不是界限

將望遠鏡安置在山頂並不是凌駕地球大氣局限作用的唯一方式。望遠鏡也曾經架設在飛機上或吊掛於高空氣球,爬升到更高的位置。不過就連這些手法,也沒辦法盡除大氣的影響。要辦到這點,唯一的方法就是進入太空。儘管製造費用比較高昂,一旦故障也沒有什麼機會前往修理,如今人類仍有一批望遠鏡登上軌道。

● 無線電　● 紅外線／次毫米　● 光學　● X射線／伽瑪射線

550 km
費米伽瑪射線太空望遠鏡
(Fermi Gamma-ray Telescope)
／低空地球軌道

569 km
哈伯太空望遠鏡
／低空地球軌道

580 km
斯威夫特
(Swift)
／低空地球軌道

10 km　　　100 km　　　1,000 km　　　10,000 km

650 km
次毫米波天文衛星
(SWAS)
／低空地球軌道

13 km
同溫層紅外線天文台
(SOFIA)
／波音747

768 km
康普頓伽瑪射線天文台
(Compton Gamma-ray Observatory)
／低空地球軌道

900 km
紅外線天文衛星
／太陽同步地球軌道

40 km
氣球運載大孔徑次毫米波望遠鏡
／高空氣球

193,000,000 km
史匹哲太空望遠鏡
／隨地日心軌道

1,500,000 km
赫歇耳太空天文台
／L2

71,000 km
紅外線太空天文台
／高橢圓地球軌道

1,500,000 km
詹姆斯・韋伯太空望遠鏡
／L2（規畫中）

100,000 km   1,000,000 km   10,000,000 km   100,000,000 km

1,500,000 km
普朗克衛星／L2

133,000 km
錢卓X射線望遠鏡
（Chandra X-ray Telescope）
／高橢圓地球軌道

1,500,000 km
威爾金森微波各向異性探測器
（WMAP）／L2

091

電波望遠鏡：增大再增大

我們肉眼所見光線，在可供研究的輻射當中，只占了極小部分。二十世紀初期，天文學家開始製造能集中無線電波的望遠鏡。

其中有些和光學望遠鏡差異不大，含一個作用像反射鏡的大型天線碟。就如同光學望遠鏡，觀測較黯淡的天體時，擁有大型反射鏡就可以看得比較細膩，因此大家總是希望建造更大型的電波望遠鏡。有時為了看得更為細膩，還可以把許多天線碟連結起來，作用就像一台巨型望遠鏡。

特長基線陣列（VLBA）

美國國家無線電天文台，負責營運，遍布美國廣大範圍。

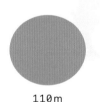

布魯斯特（Brewster）
北利伯蒂（North Liberty）
漢考克（Hancock）
顏斯基甚大天線陣（JVLA）
歐文斯谷（Owens Valley）
帕伊鎮（Pie Town）
洛斯阿拉莫斯（Los Alamos）
基特峰（Kitt Peak）
戴維斯堡（Fort Davis）
毛納基火山
阿雷西博（Arecibo）
聖克洛伊島（St Croix）

全球特長基線干涉測量（Global VLBI）

為取得最高解析性能，有時VLBA、歐洲甚長基線干涉測量網絡（EVN）會與太空望遠鏡協同合作，構成一台三倍於地球大小的望遠鏡。

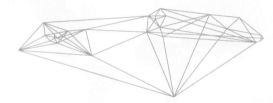

望遠鏡的尺寸

較大的望遠鏡能看得比較細膩。中國正在建造世界上最靈敏的電波望遠鏡——五百米口徑球面無線電望遠鏡（FAST）。

9 m
雷伯氏電波望遠鏡
（Reber's Radio Telescope）
／美國

32 m
RT-4電波望遠鏡
（R-4 Telescope）／波蘭

64 m
薩丁尼亞電波望遠鏡
（Sardinia Radio Telescope）
／義大利

110 m
羅伯特・勃德電波望遠鏡
（Reber C. Byrd Telescope）／美國

25 m
昂薩拉太空天文台25米
（Onsala 25-m）／瑞典

38.1 m
馬克II號電波望遠鏡
（MKII Telescope）／英國

76 m
洛弗爾電波望遠鏡
（Lovell Telescope）／英國

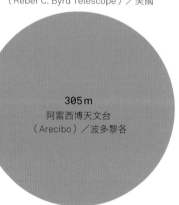

305 m
阿雷西博天文台
（Arecibo）／波多黎各

26 m
麋羚角電波天文台
（HartRAO）／南非

64 m
帕克斯天文台
（Parkes）／澳洲

100 m
艾弗斯柏電波望遠鏡
（Effelsberg）／德國

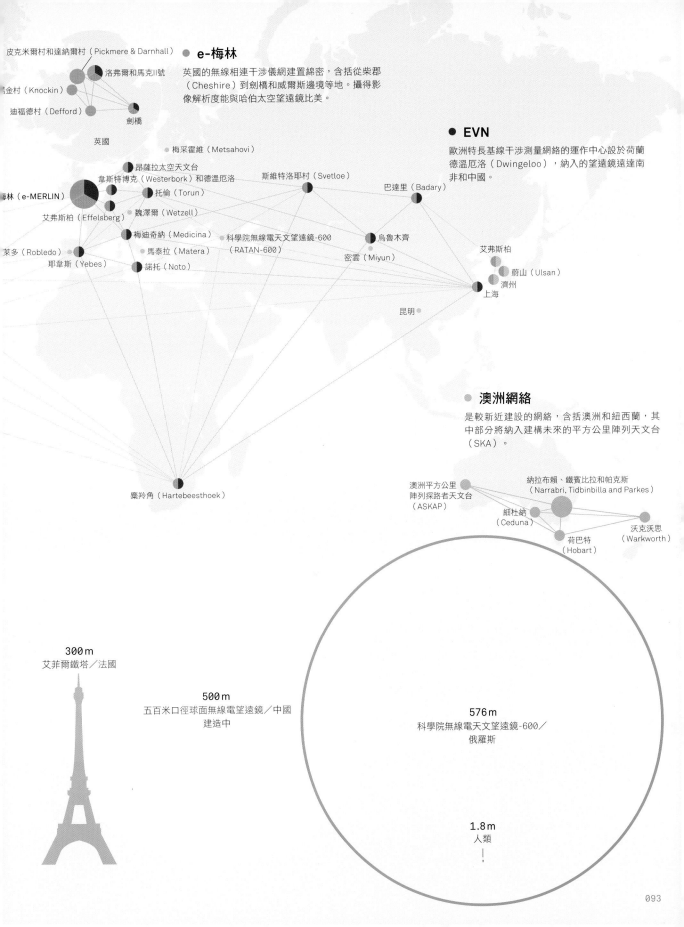

皮克米爾村和達納爾村（Pickmere & Darnhall）

洛弗爾和馬克II號

洛金村（Knockin）

迪福德村（Defford）

劍橋

英國

● **e-梅林**

英國的無線相連干涉儀網建置綿密，含括從柴郡（Cheshire）到劍橋和威爾斯邊境等地。攝得影像解析度能與哈伯太空望遠鏡比美。

梅采霍維（Metsahovi）

昂薩拉太空天文台

韋斯特博克（Westerbork）和德溫厄洛

托倫（Torun）

斯維特洛耶村（Svetloe）

巴達里（Badary）

e-梅林（e-MERLIN）

艾弗斯柏（Effelsberg）

魏澤爾（Wetzell）

萊多（Robledo）

梅迪奇納（Medicina）

科學院無線電天文望遠鏡-600（RATAN-600）

烏魯木齊

耶韋斯（Yebes）

馬泰拉（Matera）

諾托（Noto）

密雲（Miyun）

艾弗斯柏

蔚山（Ulsan）

濟州

上海

昆明

● **EVN**

歐洲特長基線干涉測量網絡的運作中心設於荷蘭德溫厄洛（Dwingeloo），納入的望遠鏡遠達南非和中國。

● **澳洲網絡**

是較新近建設的網絡，含括澳洲和紐西蘭，其中部分將納入建構未來的平方公里陣列天文台（SKA）。

麋羚角（Hartebeesthoek）

澳洲平方公里陣列探路者天文台（ASKAP）

納拉布賴、鐵賓比拉和帕克斯（Narrabri, Tidbinbilla and Parkes）

細杜納（Ceduna）

荷巴特（Hobart）

沃克沃思（Warkworth）

300m
艾菲爾鐵塔／法國

500m
五百米口徑球面無線電望遠鏡／中國
建造中

576m
科學院無線電天文望遠鏡-600／
俄羅斯

1.8m
人類

望遠鏡歷史年表

天文學家不斷追求更大的望遠鏡，希望盡量取得最佳影像。十九世紀最大的一台是愛爾蘭的「帕森城的利維坦」，仙女座星雲的旋臂，最早就是用它來觀測。二十世紀期間出現了還大上許多的望遠鏡，首先在美國本土建造，後來也出現在夏威夷和智利。

最早的電波望遠鏡出現在一九三○年代，不過大型電波望遠鏡是直到太空競賽期間才開始建造。從一九八○年代開始，電波天文學家便著手串聯起龐大的望遠鏡網絡，建構出一種比地球更大的望遠鏡。

望遠鏡操作期間：一八四○年——

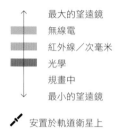

↑　　最大的望遠鏡
　　　無線電
　　　紅外線／次毫米
　　　光學
　　　規畫中
↓　　最小的望遠鏡

　　安置於軌道衛星上

顏斯基的旋轉木馬（Jansky's merry-go-round）／美國 ⋯⋯⋯

海爾望遠鏡／美國 ⋯⋯⋯⋯

胡克望遠鏡／美國

奧托‧斯特魯維望遠鏡／美國 ⋯⋯⋯⋯

帕森城的利維坦／愛爾蘭

葉凱士天文台／美國

| 1850 | 1855 | 1860 | 1865 | 1870 | 1875 | 1880 | 1885 | 1890 | 1895 | 1900 | 1905 | 1910 | 1915 | 1920 | 1925 | 1930 |

太空特長基線干涉測量（space-VLBI）／低空地球軌道

特長基線陣列／北美

e-梅林／英國

顏斯基特大天線陣列（Jansky Very Large Array）／美國

巨米波電波望遠鏡（Giant Metrewave Radio Telescope）／印度

亞他加馬天線陣列／智利

科學院無線電天文望遠鏡-600／俄羅斯

阿雷西博天文台／波多黎各

羅伯特·勃德電波望遠鏡／美國

艾弗斯柏電波望遠鏡／德國

三百尺望遠鏡／美國

洛弗爾電波望遠鏡／英國

帕克斯天文台／澳洲

極大望遠鏡／智利

三十米望遠鏡／美國

詹姆斯·馬克士威望遠鏡／美國

加那利大型望遠鏡／拉帕爾馬島

南非大型望遠鏡／南非

凱克I號／美國

雷伯氏電波望遠鏡／美國

大型綜合巡天望遠鏡／智利

昂星團望遠鏡／美國

特大望遠鏡／智利

北雙子望遠鏡／美國

詹姆斯·韋伯太空望遠鏡／L2

威廉·赫歇耳望遠鏡／拉帕爾馬島

英澳望遠鏡（Anglo-Australian Telescope）／澳洲

英國紅外線望遠鏡／美國

加法夏望遠鏡／美國

新技術望遠鏡／智利

歐洲南天天文台3.6米望遠鏡／智利

赫歇耳太空天文台／L2

艾薩克·牛頓望遠鏡／拉帕爾馬島

哈伯太空望遠鏡／低空地球軌道

北福克斯望遠鏡／美國

南福克斯望遠鏡／澳洲

普朗克／L2

威爾金森微波各向異性探測器　／L2

史匹哲太空望遠鏡／隨地日心軌道

紅外線天文衛星／太陽同步地球軌道

紅外線太空天文台　／高橢圓地球軌道

宇宙背景探測衛星（COBE）　／太陽同步地球軌道

| 1940 | 1945 | 1950 | 1955 | 1960 | 1965 | 1970 | 1975 | 1980 | 1985 | 1990 | 1995 | 2000 | 2005 | 2010 | 2015 | 2020 |

百萬像素

過去幾十年來，數位成影技術進展神速，天文學也一直位於發展的最前沿。天文探測器和標準智慧型手機與數位相機都採用類似設計，不過靈敏度就判如天壤。照相機的標準測量單位是百萬像素。

早期天文相機都非常簡樸，晚近的發展讓照相機得以具備數十億像素。這其中多數都配置於陸基望遠鏡（ground-based telescope）上，唯一例外是蓋亞太空船搭載的938百萬像素相機。行星際太空船通常都搭載較小的照相機，這是由於它們的設計和建造都是在抵達目的地之前早就完成，不過也由於太空船用來向地球傳回影像的頻寬有限所致。

20百萬像素
35毫米底片（相當於）
非天文學等級

13百萬像素
Canon EOS 5D（數位單眼相機）
非天文學等級

8百萬像素
iPhone 6
非天文學等級

1百萬像素
早期數位相機
非天文學等級

938百萬像素——蓋亞太空船／天文學等級
126百萬像素——史隆數位巡天／天文學等級
95百萬像素——克卜勒太空天文台／天文學等級
80百萬像素——昂主焦點相機（昂星團望遠鏡）／天文學等級
36百萬像素——大型單片成像儀（探索頻道望遠鏡）／天文學等級
17百萬像素——第三代廣域照相機（哈伯）／天文學等級
8百萬像素——廣域照相機（艾薩克·牛頓望遠鏡）／天文學等級
4百萬像素——OSIRIS（羅塞塔）／太空船等級
1.9百萬像素——桅杆相機和火星機械臂透鏡成像儀（好奇號）／太空船等級
1百萬像素——長程探測成像儀（新視野號）、水星雙重成像系統（信使號）
　　　　　　和成像科學子系統（卡西尼）／太空船等級

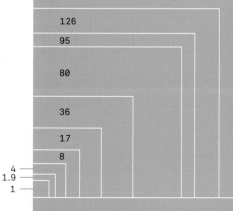

3,200 百萬像素
Giga相機（大型綜合巡天望遠鏡）
／天文學等級

1,400 百萬像素
泛星計畫／天文學等級

938

870 百萬像素
超昂主焦點相機／天文學等級

570 百萬像素
暗能量相機（維克多·布蘭科望遠鏡）
／天文學等級

340 百萬像素
Mega相機（加法夏望遠鏡）
／天文學等級

126
95
80
36
17
8
4
1.9
1

解析度

人類肉眼約能看到一臂之外針尖大小的東西，相當於堪可辨識出月球表面寬111公里的事物。

更大型望遠鏡能看得更為細膩，也推動天文學大幅進步。就光學和紅外線望遠鏡來講，地球的大氣層往往構成局限因素，空氣湍流不斷扭曲我們在地面所見光線。至於電波望遠鏡就沒有這種障礙。

我們可以使用視力表來顯示，不同儀器所能見到的相對細膩程度，還有它們在月球距離之外，能辨識出哪種尺寸的事物。

第一行／**300角秒**
普朗克——微波衛星。
月球上的最小特徵：553公里

第七行／**66角秒**
金星的角大小（最接近時）。
月球上的最小特徵122公里

第九行／**43角秒**
土星衝日時的星環直徑。
月球上的最小特徵79公里

第四行／**144角秒**
費米——伽瑪射線望遠鏡
和哈伯深領域影像265公里。
月球上的最小特徵265公里

第八行／**60角秒**
人類肉眼（20:20視力）。
月球上的最小特徵111公里

第十三行／18角秒
赫歇耳——紅外線衛星。
月球上的最小特徵33公里

第二十行／3.5角秒
火星的角大小（最遠離時）。
月球上的最小特徵6.4公里

第二十四行／1.2角秒
90毫米後院望遠鏡。
月球上的最小特徵2.2公里

第二十五行／1角秒
黑暗位置的大氣模糊效應。
月球上的最小特徵1.8公里

第二十九行／0.4角秒
高緯度黑暗位置的大氣模糊效應。
月球上的最小特徵735米

第三十三行／0.16角秒
詹姆斯·韋伯太空望遠鏡
——紅外線星。
月球上的最小特徵295米

第三十九行／0.04角秒
e-梅林——電波干涉儀。
月球上的最小特徵74米

第四十五行／0.01角秒
凱克望遠鏡的理論解析度。
月球上的最小特徵18米

第六十三行／0.0015角秒
歐洲特長基線干涉測量網絡
——電波干涉儀。
月球上的最小特徵0.3米

第十一行／25角秒
火星的角大小（最接近時）。
月球上的最小特徵46公里

第十五行／9.5角秒
金星的角大小（最遠離時）。
月球上的最小特徵18公里

第二十二行／2角秒
海王星的角大小。
月球上的最小特徵3.7公里

第二十七行／0.7角秒
土星環上的卡西尼環縫。
月球上的最小特徵1.3公里

第二十八行／0.5角秒
凱克望遠鏡。
月球上的最小特徵920米

第三十行／0.1角秒
冥王星的角大小。
月球上的最小特徵184米

第三十八行／0.05角秒
哈伯太空望遠鏡和參宿四的角大小。
月球上的最小特徵92米

第五十行／0.001角秒
特大望遠鏡干涉儀——光學干涉儀。
月球上的最小特徵1.8米
（例如：一個人）

第四章／太陽

太陽

太陽是最接近地球的恆星。它是個巨大的電漿球，核心有熱核反應。地球上幾乎所有生命，全都靠太陽發出的光和熱來維生。它的年齡約為45.67億歲，已經過了一半壽限。

🔆 **總輸出光量**
383,000,000,000,000,000,000,000,000瓦
（383兆兆瓦）

🌄 **質量**
1,989,000,000,000,000,000,000,000,000,000公斤
（1,989千兆兆公斤）= 330,000倍地球質量

質量損失
620,000,000,000公斤／秒（0.62兆公斤）

↻ 兩極自轉一圈36天

日冕50萬至600萬℃

表面5,504℃

核心1,550萬℃

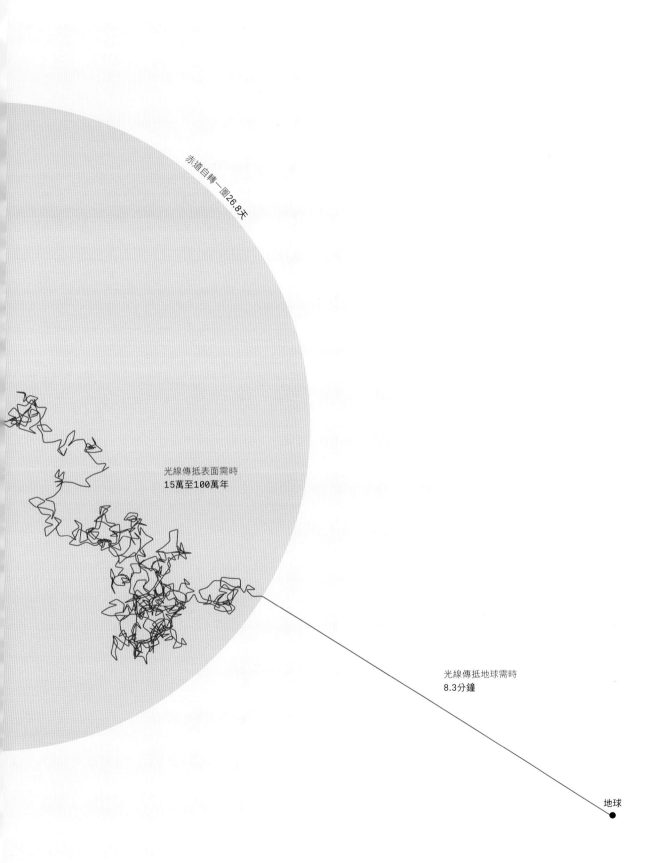

赤道自轉一圈26.8天

光線傳抵表面需時
15萬至100萬年

光線傳抵地球需時
8.3分鐘

地球

陽光可以區分成不同色彩頻譜，彩虹就是最常見的實例。十九世紀的天文學家研究這種彩虹，看出這當中含有許多暗帶。一八六〇年時，古斯塔夫·克希荷夫（Gustav Kirchoff）和羅伯特·本生（Robert Bunsen）發現，每種化學元素都在特定色彩產生獨有條帶組合，構成一種頻譜指紋。

一八六八年，朱爾·讓森（Jules Janssen）和諾曼·洛克耶（Norman Lockyear）兩位天文學家分析太陽光譜時，辨認出一種前所未知的元素。最後直到一八九五年，皮·克利夫（Per Teodor Cleve）和尼爾斯·朗勒特（Nils Abraham）才終於在地球上發現那種新元素。新元素依希臘太陽神名Helios（赫利奧斯）命名為helium（氦）。如今我們知道，氦是太陽和宇宙整體所含成分當中豐度（abundant element）次高的元素。

除了氫和氦之外，太陽光譜也顯示出品類繁多的元素——還有地球大氣的氧。觀測到的元素都位於太陽上大氣層，大半都由前一代恆星生成。

Ba／鋇
Ca／鈣
Cr／鉻
Fe／鐵
H／氫
He／氦
Hg／汞
Mg／鎂
Na／鈉
O／氧（地球大氣的成分）
Sr／鍶
Ti／鈦

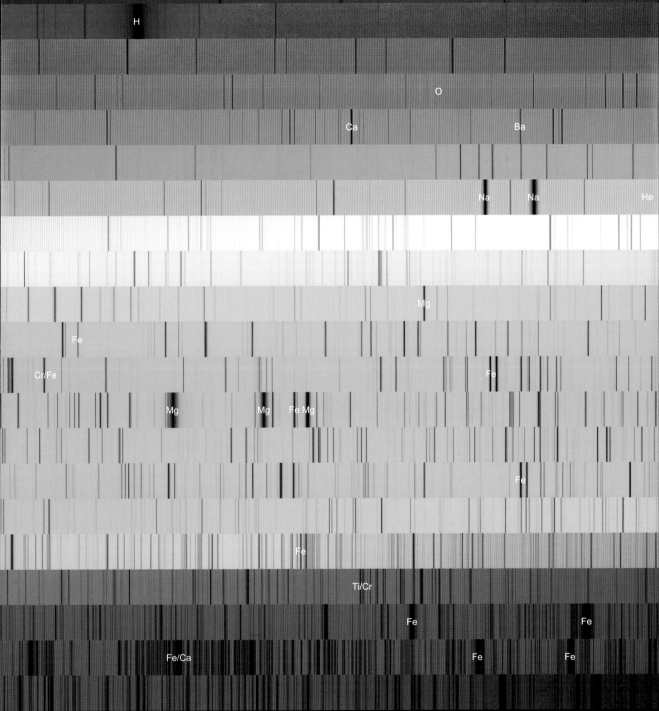

太陽黑子

太陽的表面是一團熾烈的電漿和磁場。磁場突穿衝出表面的區域，溫度總是稍低，發出的光也比太陽的其他部分弱一些。這些較為黯淡的區塊稱為太陽黑子，而且會隨時間生滅消長。太陽黑子的總數依循11年週期改變。

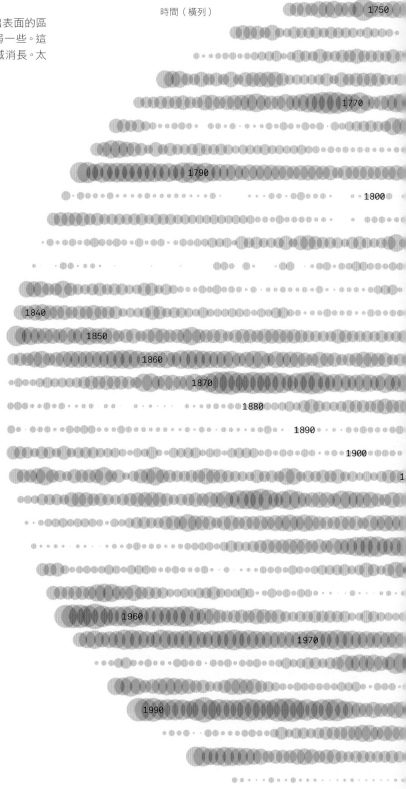

時間（橫列）

250 每月太陽黑子數

200

100

50

10

1750

1770

1790

1800

1840

1850

1860

1870

1880

1890

1900

1960

1970

1990

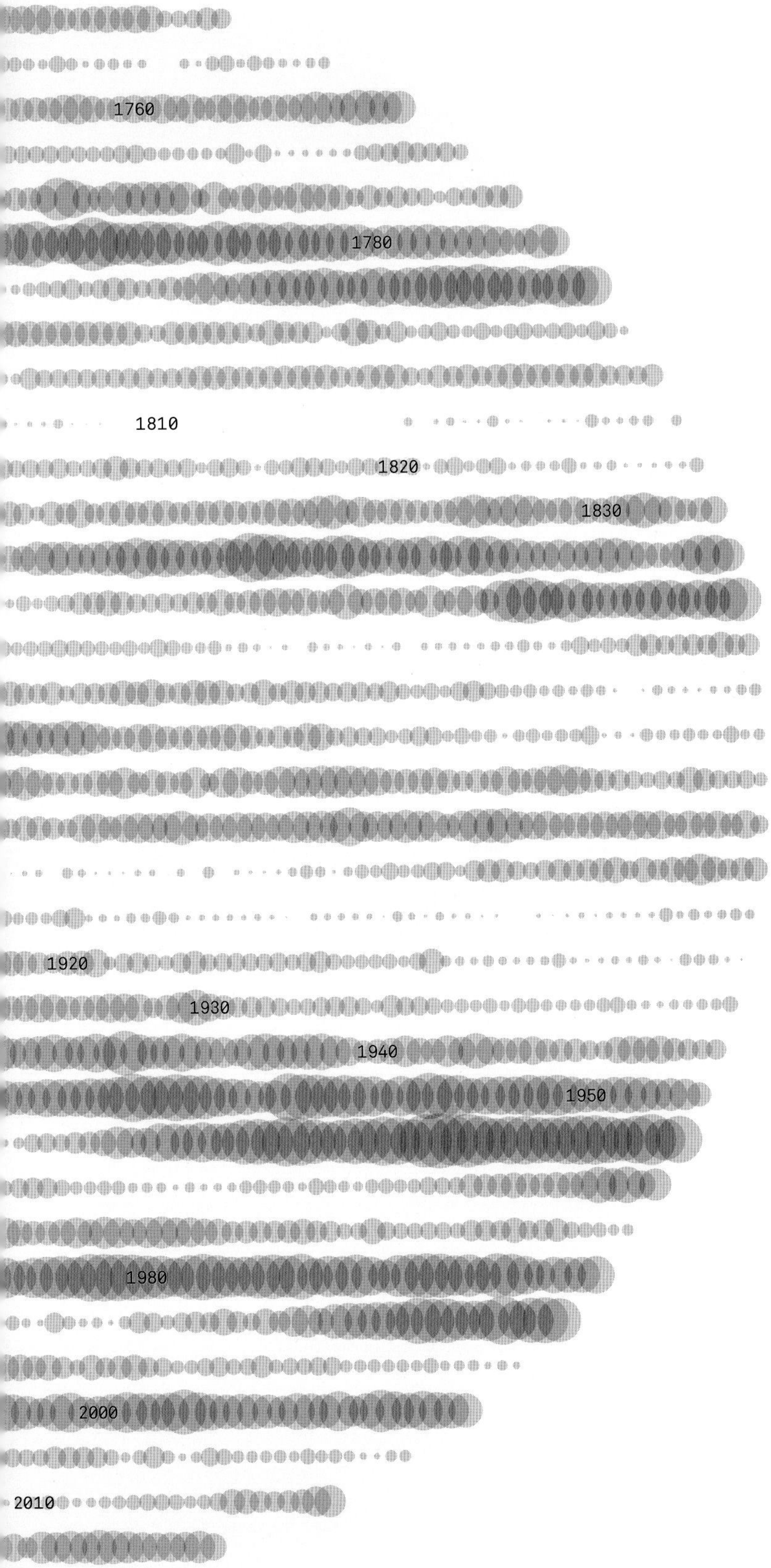
1760
1780
1810
1820
1830
1920
1930
1940
1950
1980
2000
2010

蝴蝶圖

太陽黑子並不是隨意出現在太陽表面任何部位。約在一段11年期間，黑子的形成位置會來愈靠近太陽赤道。這種現象和太陽活動週期有清楚的連帶關係，該週期長度同樣是11年左右。二十世紀早期的發現顯示，原來太陽黑子是種磁現象，黑子點出太陽磁場突破表面的地方。從一個週期交替至下一個週期的太陽黑子的磁場極性是相反的。這就顯示，太陽的磁場起伏週期其實是22年。由於太陽黑子和磁場存有這種連帶關係，加上歷史資料印證，顯示這種磁週期行為可以推斷達數百年。

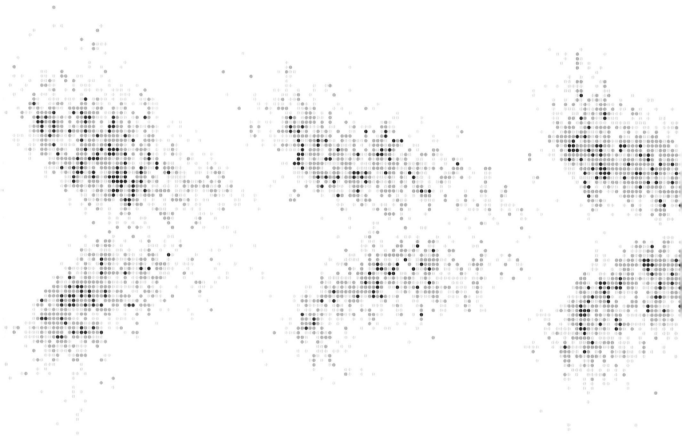

1960　　　　　　　　　　　1970　　　　　　　　　　　1980

北極

60°

0°

-30°

南極

每月太陽黑子數

1-5

5-10

10-20

> 20

60°

30°

太陽赤道0°

-30°

-60°

1990

2000

2010

太陽閃燄

人造衛星從一九七〇年代晚期開始持續記錄太陽表面爆發的陣陣閃燄（Solar flare）。這種閃燄經測定區分成A、B、C、M和X等級，各級強度都為前一級的十倍。各級本身也使用數字1-9來細分，好比M5閃燄的強度為M1的五倍強度。

一次X1閃燄約相當於兩百兆噸黃色炸藥的威力，或百萬倍於一次火山爆發釋出的能量。目前還沒有高於X的等級，所以最大型的閃燄，依然保有「X」稱號，只不過序號提高了。

C級
我們不會注意到的影響。

M級
導致兩極地區無線電斷訊，引發會影響太空人的輻射風暴。

X級
可以讓衛星失效，提高航機乘客的輻射曝露劑量，還會導致地面輸電網路停擺。

太陽週期
24／從2008年1月開始
23／1996年5月至2008年1月
22／1986年9月至1996年5月

X10級

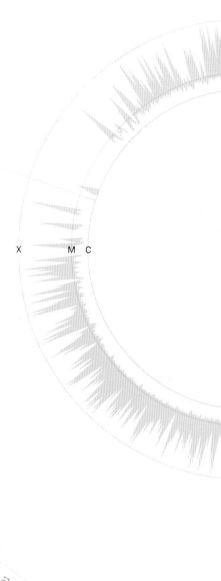

萬聖節風暴
最大的太陽閃燄發生在二〇〇三年十一月四日，級數達到X28。

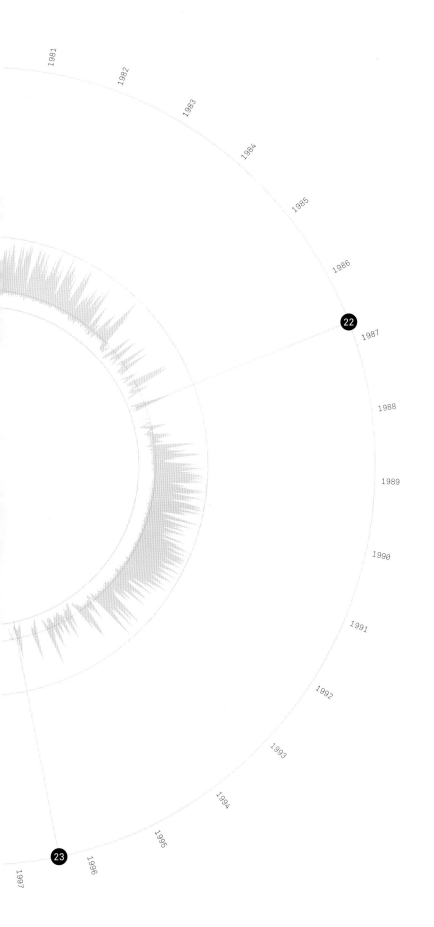

1981

1982

1983

1984

1985

1986

22 1987

1988

1989

1990

1991

1992

1993

1994

1995

23 1996

1997

舞動的太陽

我們一般都認為太陽位於太陽系的正中心，其實不盡然如此。
它的眾多行星夥伴的重力，促使它在太陽系舞池繞著複雜的環
圈舞動。

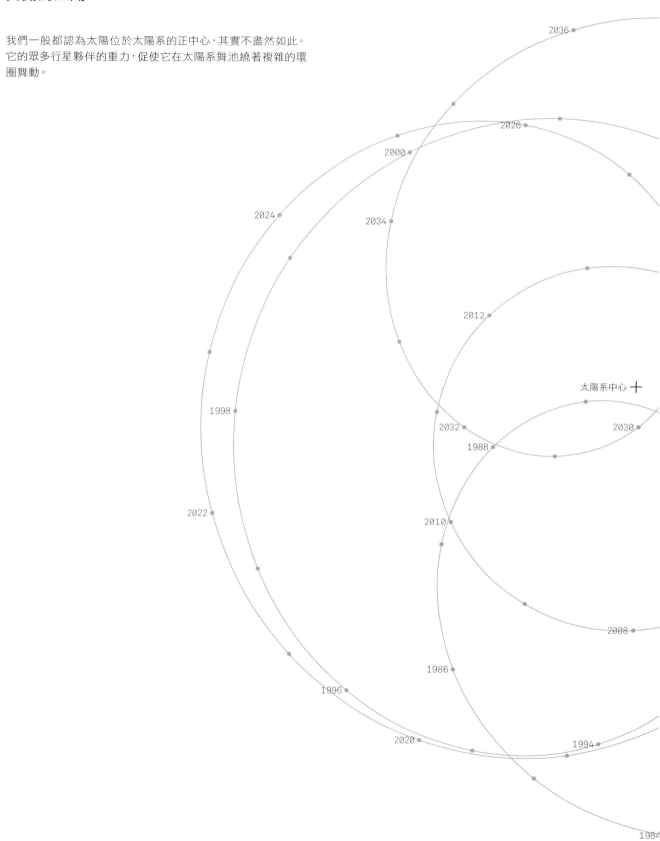

太陽系中心

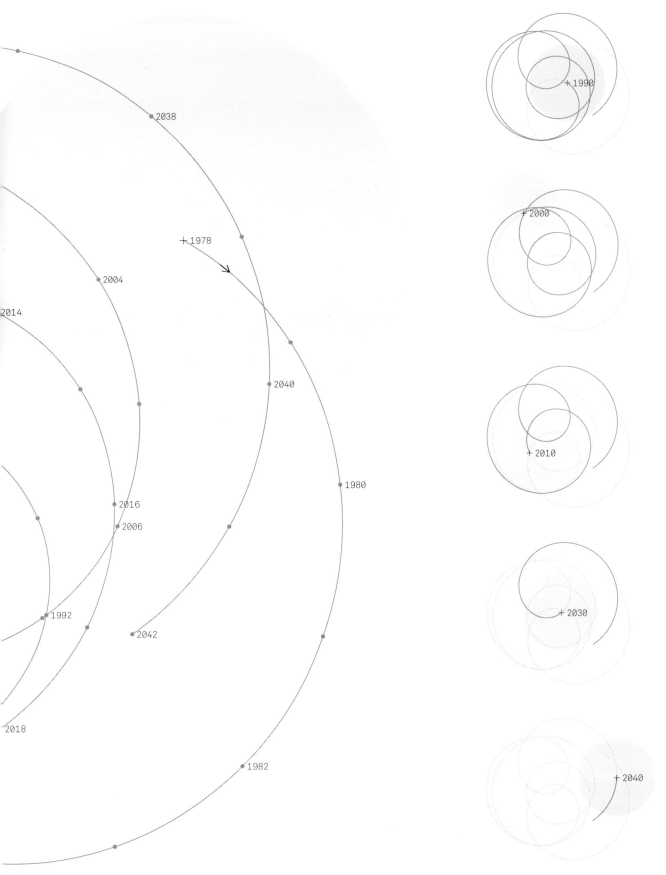

2038

+ 1978

2004

2014

2040

1978

2016

2006

1980

1992

2042

2018

1982

+ 1990

+ 2000

+ 2010

+ 2030

+ 2040

113

第五章／恆星

北天星座

對古代的海員和遊牧民族來講，夜空是種重要的導航工具。太陽下山之後，夜空可以為他們提供判別月日和地面緯度的參照點。多年下來，民眾把鄰接恆星相連形成圖案，這些圖案便稱為星座；還往往用神話故事，把相鄰星座串聯起來。時至今日，這些故事依然為人津津樂道，同時也能幫助我們記憶這些圖案，成為種植莊稼、尋路回家，甚至橫跨大洋的重要指引。

許多星座都根源自古代神話。舉例來說，英仙座就是英雄珀耳修斯（Perseus），飛馬座則是他的坐駕珀伽索斯（Pegasus），仙女座則源自他拯救的公主安朵美達（Andromeda），還有仙后座出自安朵美達的母后卡西歐佩亞（Cassiopeia）。另有些星座則是以動物為名，好比獅子座代表獅子，還有鹿豹座則呈現又像長頸鹿，又有駱駝和豹子特徵的造型。

北天最著名星座之一是大熊座。這個星座包含著名的斗勺，構成大熊的背部和尾巴。

仙后座／598平方度

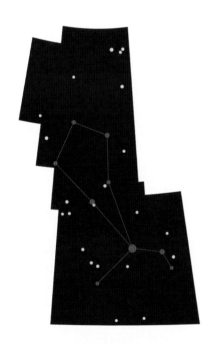

牧夫座／907平方度

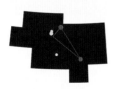

三角座／132平方度

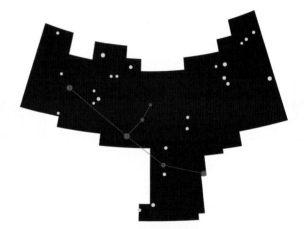

仙女座／722平方度

鹿豹座／757平方度

小熊座／256平方度

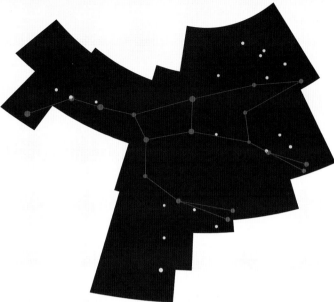

大熊座／1,280平方度

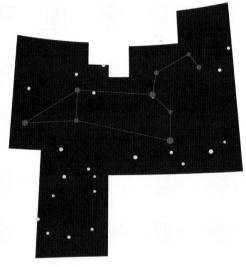

獅子座／947平方度

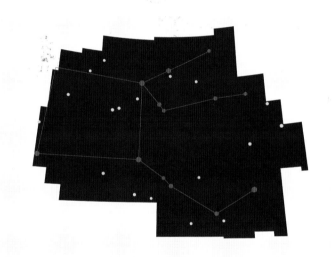

飛馬座／1,121平方度

天鵝座／804平方度

英仙座／615平方度

南天星座

北天有許多耳熟能詳的星座，不過以分布面積來看，最大的和最小的星座都在南天：分別為長蛇座和南十字座。

南天星座的名稱根源，通常都比北天星座名更偏現代，好比矩尺座（三角板和尺）、劍魚座（鱰鰍，俗稱鬼頭刀或劍魚）和羅盤座。

南十字座／68平方度

人馬座／867平方度

摩羯座／414平方度

半人馬座／1,060平方度

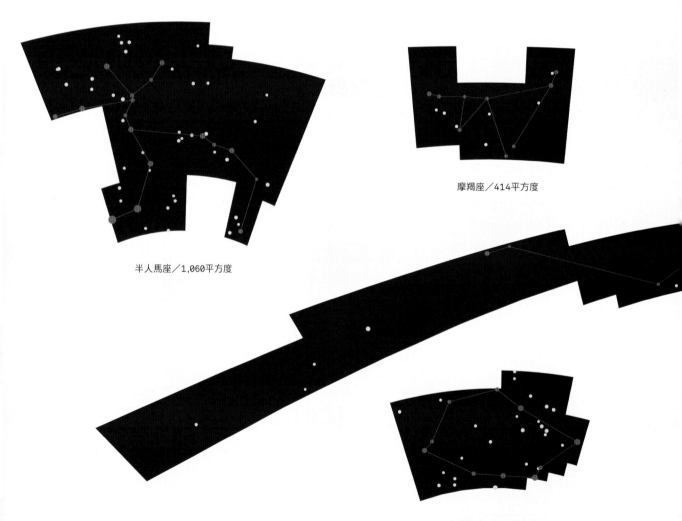

船帆座／500平方度

矩尺座／165平方度

羅盤座／221平方度

天蠍座／497平方度

長蛇座／1,303平方度

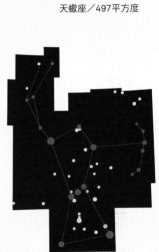

獵戶座／594平方度

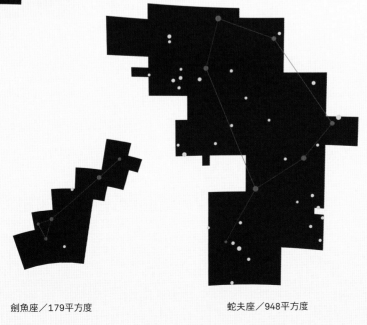

劍魚座／179平方度

蛇夫座／948平方度

南十字座／366平方度

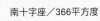

獵戶座

仰觀夜空，我們很自然就會認為那是個龐大的水晶球體，上面鑲嵌著所有的星辰光點。這就是古代許多人想像的樣貌。其實恆星全都位於相隔浩瀚的不等距離之外。太空是立體的，我們卻只能見到它的一種平面展現。

我們熟悉的獵戶座如果從不同的方向來觀察，模樣就會非常不同。從另一個角度來看，我們眼中的緊密群集就不再聚攏。就連腰帶那三顆星都不是三連星，裡面含一個外來客，中央那顆比另外兩顆明亮得多，和地球相隔距離卻達兩倍。

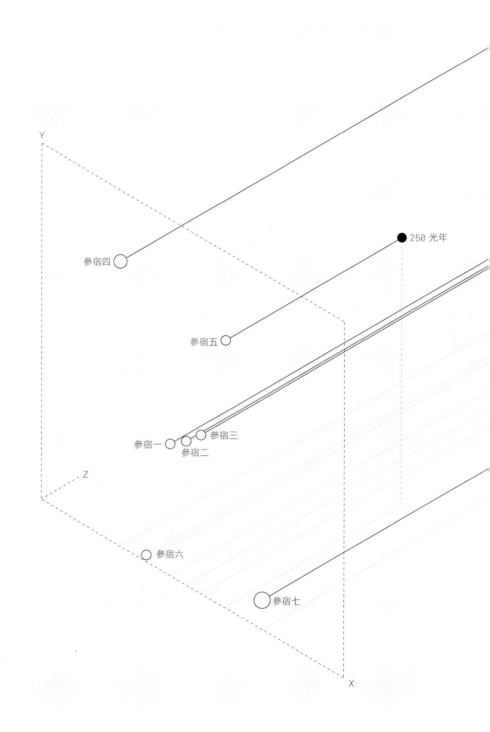

參宿四

250 光年

參宿五

參宿一

參宿二

參宿三

Y

Z

參宿六

參宿七

X

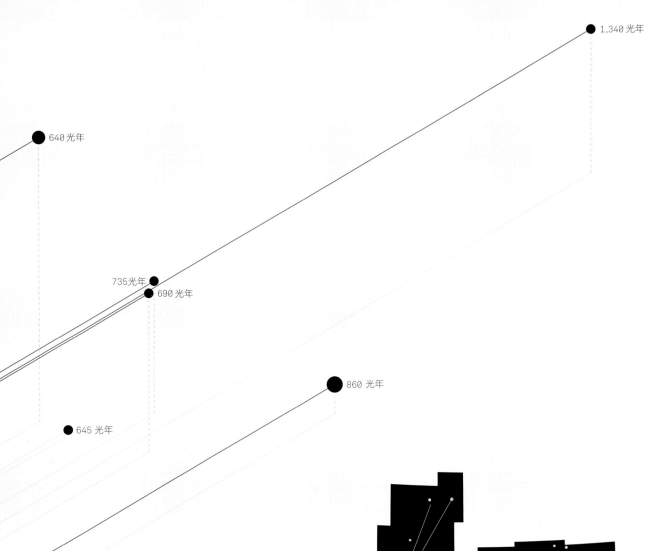

1,340 光年

640 光年

735光年

690 光年

860 光年

645 光年

獵戶座位於天空合宜地點，全世界所有文化都能見到
它。希臘人認為獵戶座代表一位高明的獵人。他和白
牛（金牛座）搏鬥時，身邊還有他的兩條狗（大犬座
和小犬座）助陣。非洲鄉野傳說則認為，獵戶腰帶三
顆星是遭亮星畢宿五獵捕的斑馬。澳洲原住民天文學
則把腰帶稱為獨木舟三兄弟，也是雨季將臨的徵兆。

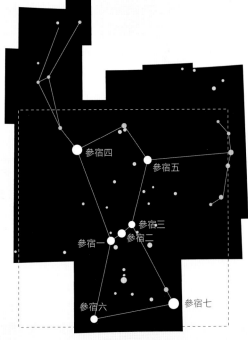

參宿四

參宿五

參宿三

參宿一 參宿二

參宿六

參宿七

獵戶座／594平方度

最接近的恆星

最靠近地球的恆星是哪顆?除了太陽之外,我們最靠近的鄰星是南門二,那是個三合星系統,和我們相隔約4.3光年(40.7兆公里之外)。那個系統有緊密互繞的半人馬座α星A和B,而這兩顆星又環繞半人馬座比鄰星。不過恆星並不是靜止不動的,位置會隨時間改變。

巴納德星以相當高速朝我們移動,再過一萬年就會以不到四光年距離通過。約三萬五千年後,羅斯248就會成為最靠近的恆星,距離我們約三光年。大概四萬年後,航海家1號太空船就會抵達和恆星葛利斯445相隔僅1.6光年的地方。

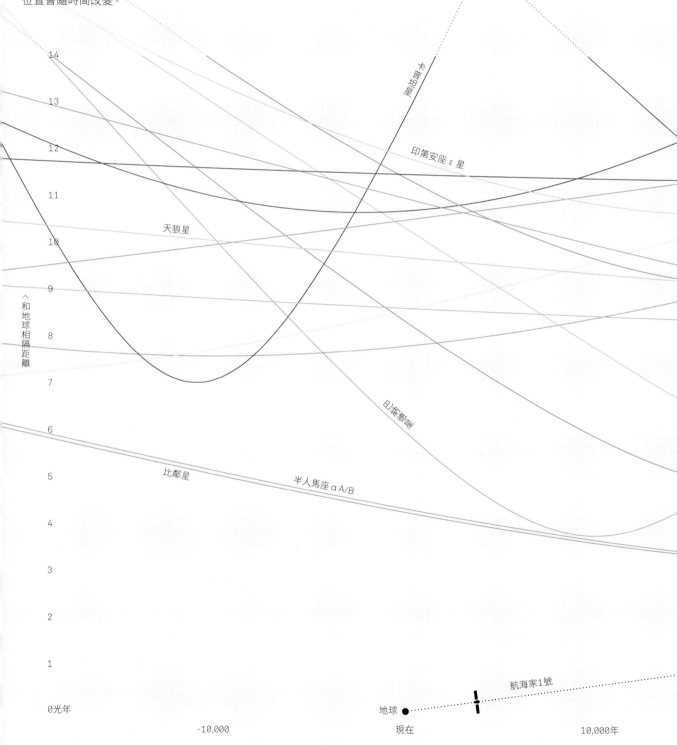

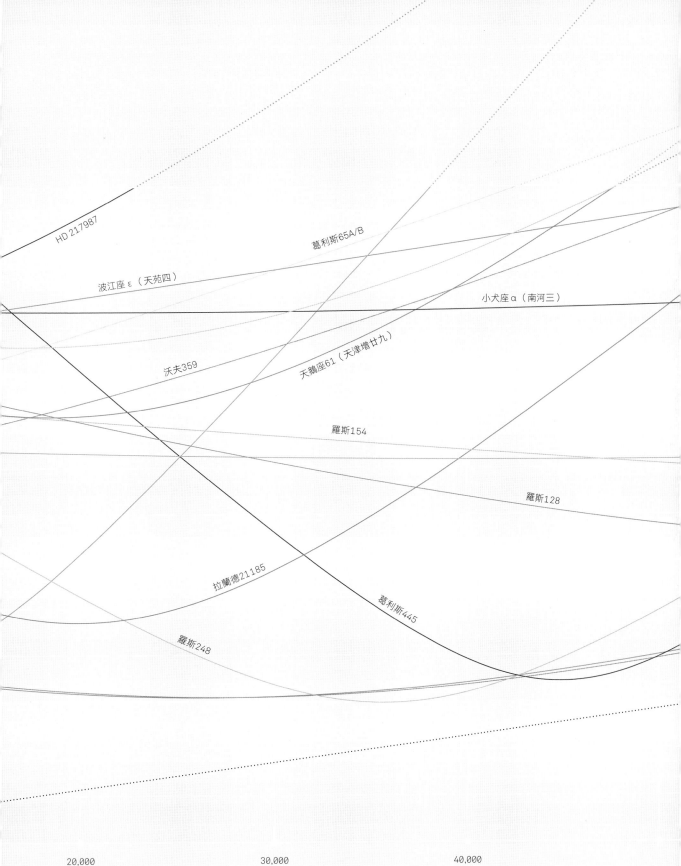

HD 217987

葛利斯65A/B

波江座 ε（天苑四）

小犬座 α（南河三）

沃夫359

天鵝座61（天津增廿九）

羅斯154

羅斯128

拉蘭德21185

葛利斯445

羅斯248

20,000   30,000   40,000

自行

歷來天文學家口中的恆星意指恆定不動的星，實際上這些星體並不是靜止不動的。多數恆星都以不等速度朝不同方向運行，不過有些是一起在太空中移動。由於距離遼闊，就算每秒運行幾十公里，它們的運動仍非我們肉眼所能察覺。不過只要仔細觀察，就能計算、測定這種橫越天際的「自行」運動，於是我們也就能看出，遙遠未來的天空會是什麼模樣。我們子孫眼中的天空圖案會很不一樣。

距今十萬年後，獅子座就不再擺出蹲伏姿勢，雙子座孿生子也將身首異處！仙后座會不再呈現熟見的W形，大犬座的天狼星（犬星）也會與頸圈分離。儘管大熊座的斗勺當中會有五顆亮星一道在太空中移行，到最後大熊的尾巴仍會打結。獵戶座的劍和盾都會調節位置，不過它的一邊肩膀（參宿四）則有可能爆成一顆超新星並結束生命。

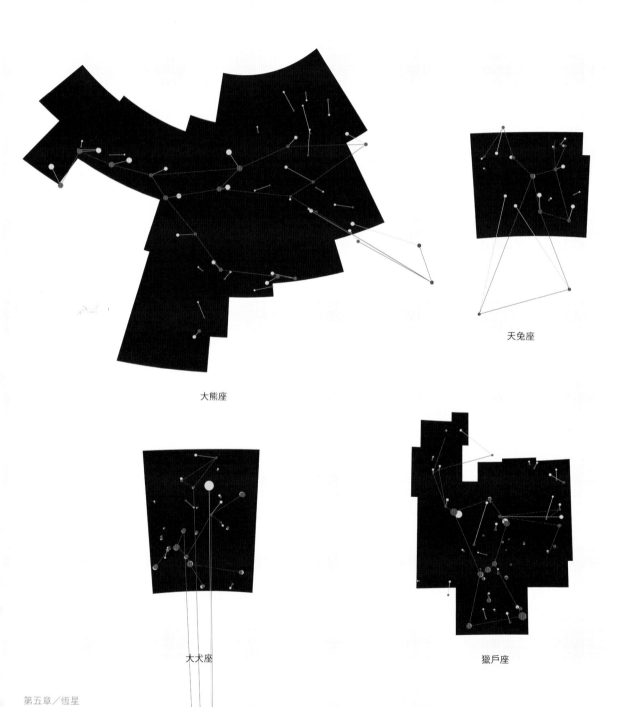

大熊座

天兔座

大犬座

獵戶座

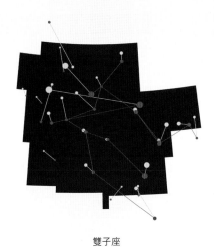

雙子座

仙后座

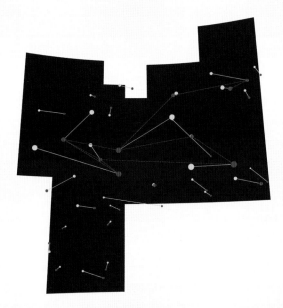

獅子座

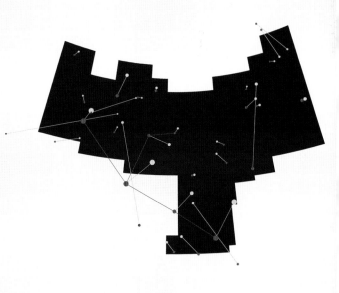

仙女座

最亮的恆星

仰望夜空，你會看到有些恆星比其他星辰更為明亮。天上的最亮星是天狼星，不過它其實是個雙星系統，包含天狼星A和天狼星B。第二明亮的恆星是亮度約對半的老人星。北極星會讓許多人都感到驚訝，它的排名列在很後面。北極星之所以重要，不是因為它很亮，而是由於位置接近極點。我們從地球看到的亮度，其實是恆星的實際亮度和距離遠近共同影響使然。一顆比較黯淡的恆星，若是距離大幅拉近，看來就有可能比其他恆星都更明亮。舉例來說，老人星的亮度其實六百倍於天狼星，卻由於和我們相隔將近四十倍距離，所以實際觀察時就顯得黯淡一些。

北天

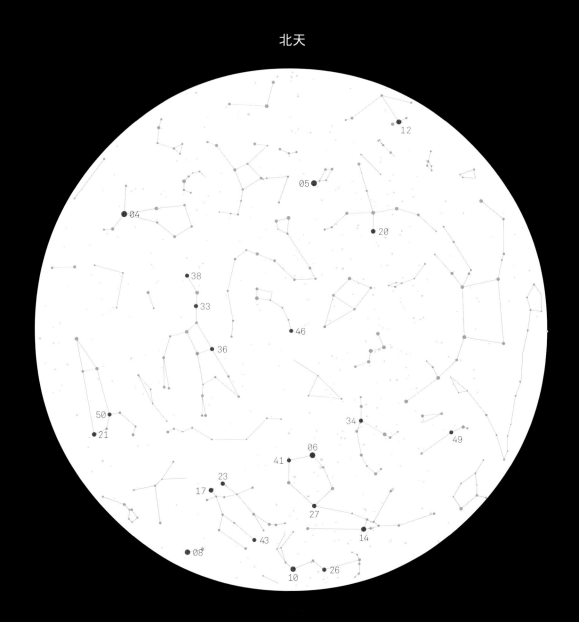

1／天狼星　　　　　11／馬腹一　　　　　21／軒轅十四　　　　31／參宿一　　　　　　　　41／五車三
2／老人星　　　　　12／河鼓二（牛郎星）　22／弧矢七　　　　　32／天社一（船帆座γ）　42／三角形三
3／南門二　　　　　13／十字架二　　　　23／北河二　　　　　33／玉衡　　　　　　　　43／井宿三
4／大角星　　　　　14／畢宿五　　　　　24／十字架一　　　　34／天船三　　　　　　　44／天社三（船帆座δ）
5／織女星　　　　　15／角宿一　　　　　25／尾宿八　　　　　35／箕宿三（人馬座ε）　45／孔雀星
6／御夫座α（五車二）16／心宿二（大火）　26／參宿五　　　　　36／天樞　　　　　　　　46／北極星（勾陳一）
7／參宿七　　　　　17／北河三　　　　　27／五車五　　　　　37／弧矢一　　　　　　　47／軍市一
8／小犬座α（南河三）18／南魚座α（北落師門）28／南船五　　　　　38／瑤光　　　　　　　　48／星宿一
9／水委一　　　　　19／十字架三　　　　29／參宿二　　　　　39／海石一　　　　　　　49／婁宿三
10／參宿四　　　　　20／天津四　　　　　30／庫樓一　　　　　40／尾宿五（天蠍座θ）　50／軒轅十二

南天

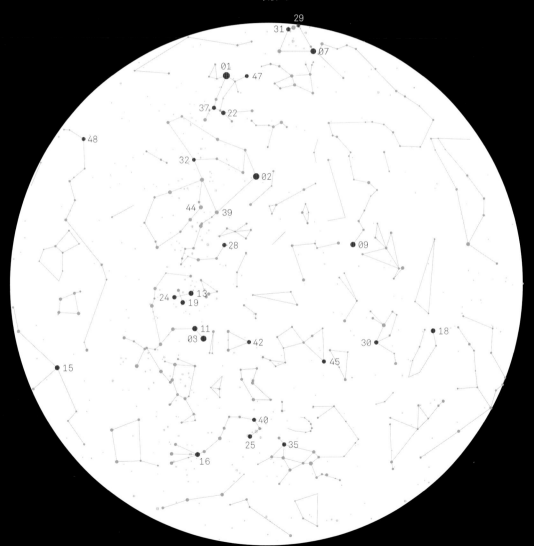

巨星

我們的本地恆星太陽寬約140萬公里。確實很大,約為地球的百倍直徑,然而和其他許多恆星相比,卻又顯得渺小。目前所知的最大恆星角逐者之一是盾牌座UY,見於南天盾牌座。它的尺寸估計為太陽的1千7百倍,擺到太陽系中心的話,幅員就會超過木星的軌道。

參宿七A
×78 倍

牡丹星雲恆星
×100 倍

井宿五(雙子座 ε)
×140 倍

天津四
×200 倍

手槍星
×300 倍

帝座(武仙座 α 星)
×460 倍

參宿四
×1,200 倍

盾牌座UY
×1,700 倍

老人星
×65 倍

畢宿五
×44 倍

大角星
×25 倍

七公七（牧夫座δ）
×10倍於太陽尺寸

太陽

矮星

恆星可以小到什麼程度？恆星一般都定義為受本身重力束縛成
球形，且核心具有熱核融合現象，因此會發光的一團電漿要產
生核融合，首先核心必須極熱又極緻密。我們認為起碼得有太
陽質量的7%，重力才強得足以造就出合宜條件。就目前所知，
最小的恆星尺寸只達太陽直徑的8.6%，溫度只為2,100凱氏
度（Kelvin）。那顆恆星的代號十分繁瑣，稱為2MASS J0523-
1403。

太陽
1倍於太陽直徑

羅斯854
×0.96 倍

葛利斯553
×0.87 倍

GJ 663 A
×0.817 倍

天苑四
×0.735 倍

皮亞齊的飛行之星（天鵝座61）
×0.665 倍

羅斯490
×0.63 倍

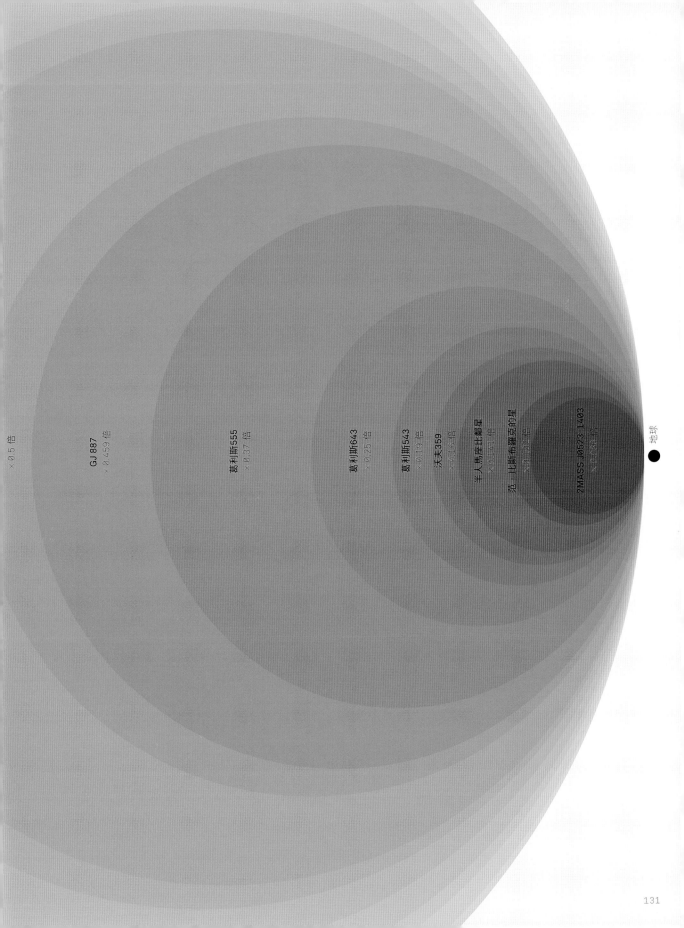

×0.5 倍

GJ 887
×0.459 倍

葛利斯555
×0.37 倍

葛利斯643
×0.25 倍

葛利斯543
×0.19 倍

沃夫359
×0.16 倍

半人馬座比鄰星
×0.141 倍

范－比斯布羅克的星
×0.102 倍

2MASS J0523-1403
×0.083 倍

● 地球

恆星的類型

在十九世紀晚期和二十世紀早期，天文學家根據恆星的光譜所含黑線來為它們分門別類。現代類別是安妮·坎農（Annie Jump Cannon）在一九〇一年發明的，這套做法為恆星分別冠上O、B、A、F、G、K和M等字母稱號。類型排序取決於不同線條的相對強度，而這個強度則是由恆星大氣中各元素豐度來決定。天文學家使用以下句子來幫忙記誦：「Oh, Be A Fine Girl/Guy, Kiss Me」。不過後來更發現，順序還取決於恆星的表面溫度。溫度較低的恆星，吸收線（absortion line）也較多，這是由於它們的大氣溫度較低，可容簡單分子形成所致。

類別／溫度，凱氏度

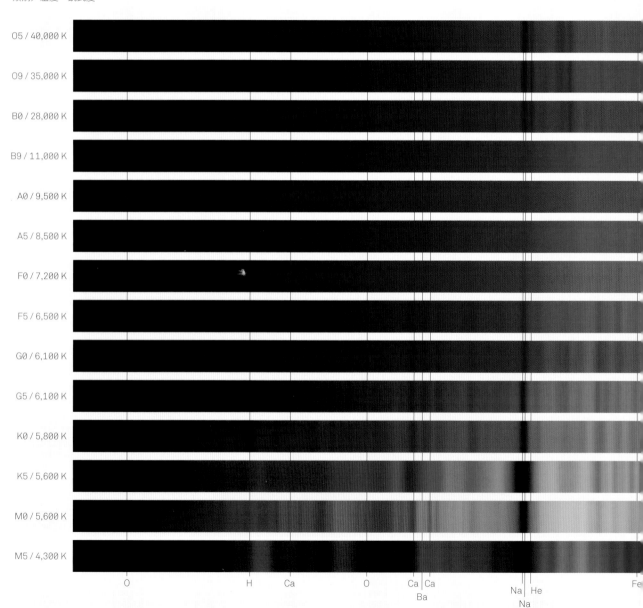

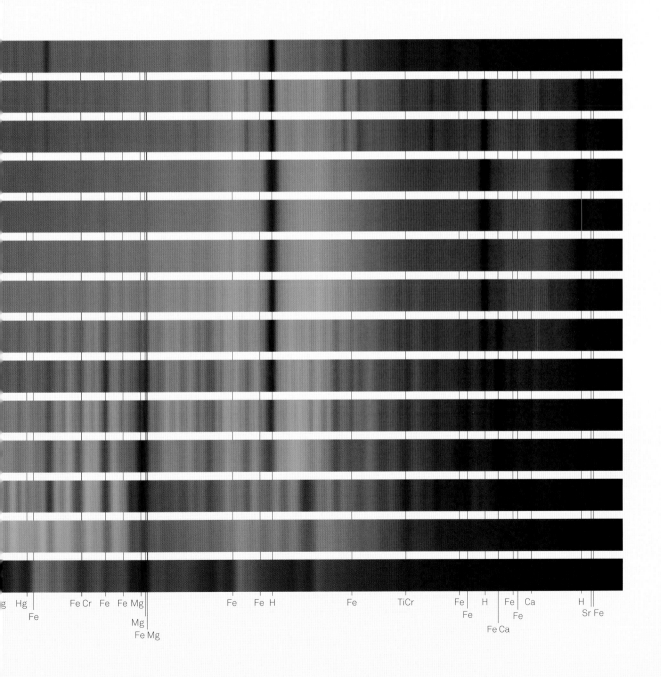

133

亮度和色彩

二十世紀初期，埃納·赫茨普龍（Ejnar Hertzsprung）和亨利·羅素（Henry Russell）拿恆星的實際亮度和色彩進行比對。恆星的色彩由其表面溫度來決定，溫度較高的恆星呈藍色，溫度較低者則呈紅色。他們把這兩種屬性標繪成圖，結果發現，恆星可以根據尺寸大小和所處生命階段來區分成不同類群。我們可以使用數千顆恆星的最新測量結果，繪製成一幅現代版的赫羅圖（Hertzsprung- Russell diagram）。

圖中的對角延伸線為「主星序」斜帶，多數恆星的大半生命期都落在這裡面。至於它們在序帶中的位置，則取決於誕生時的質量。恆星老化後就會膨脹，同時溫度也隨之降低，不過也變得更亮，所以它們就會朝著巨星和超巨星區域移動。就在壽命終結之前，恆星的溫度會突然提增，於是它們也在圖中朝左移動。恆星死後會慢慢冷卻，消逝化為一顆白矮星、中子星，甚至變成一顆黑洞。

太陽的生命旅程

A　0──太陽的生命開始。

B　45億年──現在的太陽。再過幾十億年，太陽就會變得稍亮、稍熱。

C　95億年──太陽膨脹成為一顆紅巨星，尺寸為現今的2.3倍，亮度則為3.2倍。

D　103億年──這時的太陽，尺寸為現今的210倍，亮度約達4,200倍，溫度則降至將近現今之半。

E　103億年──這時太陽的燃料燒光了，外側各殼層也都拋棄。這時它的殘存質量只稍微超過今之半，而且還塌縮成原有尺寸之約20%大小。它的溫度為10萬凱氏度上下，亮度則達現今之3千倍。

F　120億年──太陽殘渣的亮度只為現今的0.003%，尺寸約只為地球的1.5倍。

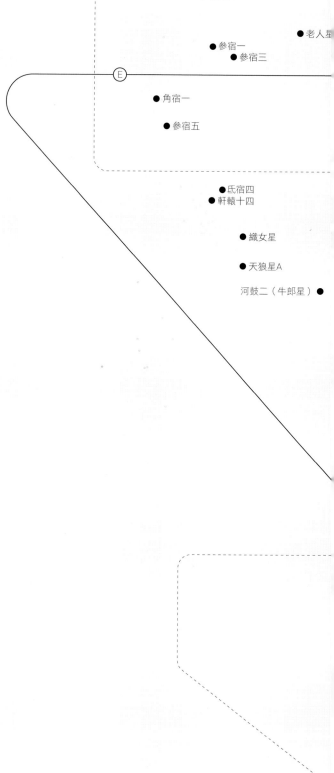

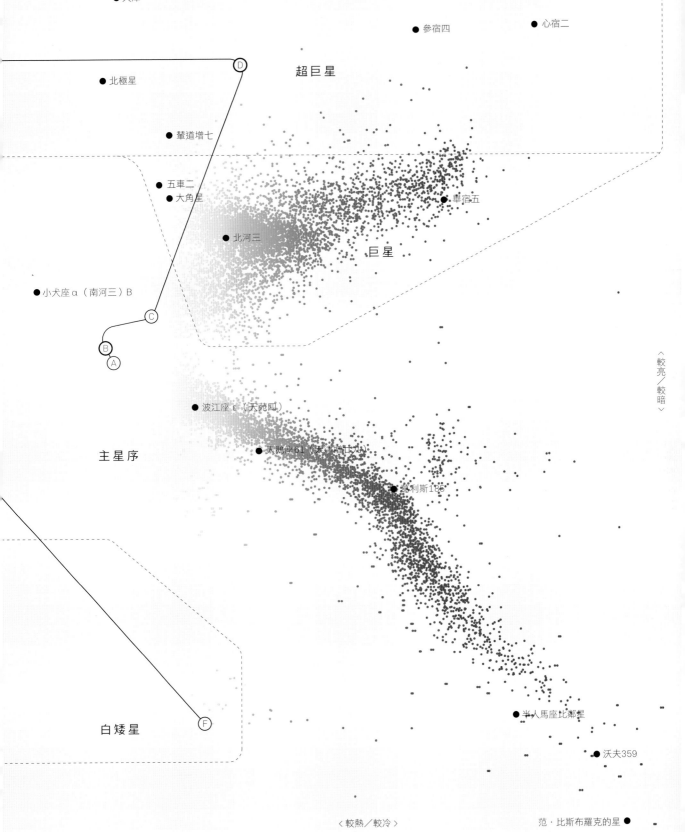

天津一

參宿四

心宿二

超巨星

D

北極星

輦道增七

五車二

大角星

重宿五

北河三

巨星

小犬座α（南河三）B

C

B

A

波江座ε（天苑四）

主星序

大熊座61（天津增廿九）

喜利斯185

〈較亮／較暗〉

白矮星

F

半人馬座比鄰星

沃夫359

〈較熱／較冷〉

范·比斯布羅克的星

恆星的生命週期

恆星的生命取決於它誕生時的質量高低。誕生時質量愈高，燒盡燃料儲備的速度也愈快。大型恆星日子過得快，年紀輕輕就死亡。恆星利用核融合，逐步把它們的龐大氫儲備轉換成愈來愈重的元素。其實也正是由於這類核反應發出的輻射和生成的能量，恆星才不至於在本身重力下塌縮。一旦燃料耗竭，恆星再也撐不住自己，於是外側各殼層爆開，內側部分則會塌縮。到這時候恆星也就死了，最後產物取決於恆星死時的質量。

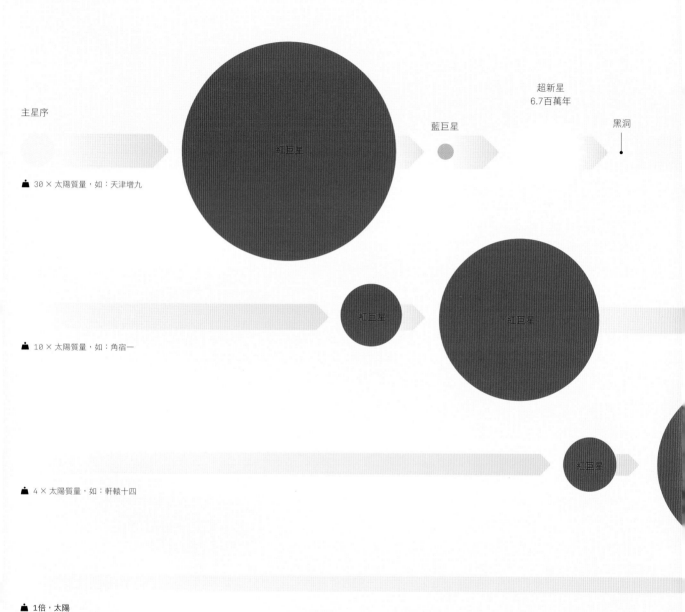

主星序

30 × 太陽質量，如：天津增九

紅巨星

超新星
6.7百萬年

藍巨星

黑洞

10 × 太陽質量，如：角宿一

紅巨星

紅巨星

4 × 太陽質量，如：軒轅十四

紅巨星

1倍，太陽

0.65 × 太陽質量，如：天鵝座61

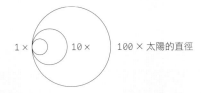

$1\times$ $10\times$ $100\times$ 太陽的直徑

超過二十五倍太陽質量的恆星塌縮太快,無法
形成中子星,最後就會形成黑洞。

超過八倍太陽質量的恆星化為超新星,結束生
命之時,它的內側各層會塌縮形成中子星,最
後質量和太陽雷同,直徑卻只約為二十公里。

超新星
27.6百萬年

中子星

白矮星
215百萬年

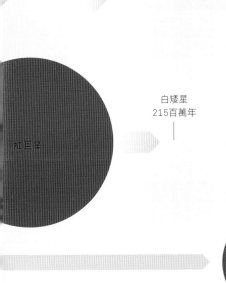

紅巨星

白矮星
103億年

太陽這樣的恆星死時會褪除外側殼
層,殘留化為白矮星的核心。

紅巨星

白矮星
628億年

紅巨星

超新星

質量遠超過太陽的恆星來到生命的終點之時，會發生猛烈爆炸，化為超新星。這種爆炸的亮度有可能在短時間內超過整個星系。我們估計，銀河系大小的星系裡面，每世紀約出現兩、三次超新星爆炸。

我們在過去一百三十年間發現的超新星，全都發生在外星系，幾乎所有事例都太過黯淡，肉眼無法目睹。當今世人記憶中最燦爛的超新星是SN1987A，一九八七年發生於大麥哲倫星雲。

如今我們根據觀測超新星光譜辨識出的元素，把超新星區分為Ia、Ib、Ic和II四大類型。儘管共分四型，其主要生成原因則有兩種。

Ia型超新星出自雙星系統，肇因於一顆伴侶恆星把物質拋出並流往另一顆白矮星，最後白矮星吸積達到臨界質量並發生爆炸。Ib、Ic和II型超新星肇因於非常大質量恆星的核融合不再能夠對抗重力，於是核心便塌縮形成中子星或黑洞。Ib和Ic型超新星出自業已進入生命最後階段，且外側氫殼層被恆星

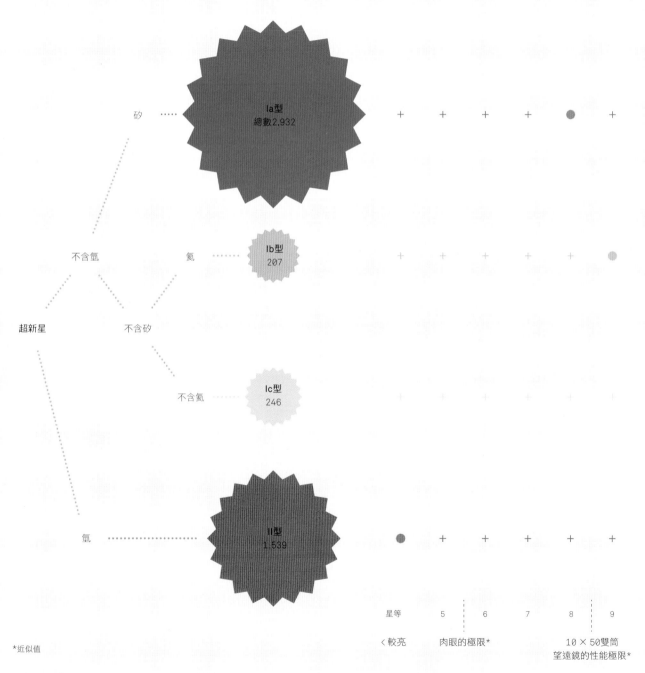

矽 ……

Ia型
總數2,932

不含氫　　　氦 ……

Ib型
207

超新星　　　不含矽

不含氦

Ic型
246

氫

II型
1,539

星等　　　5　　　6　　　7　　　8　　　9

〈較亮　　　肉眼的極限*　　　10 × 50雙筒
望遠鏡的性能極限*

*近似值

風剝離的恆星。

過去一百三十年間，我們發現的超新星以Ia型最多，超過其他任何類型，而且最黯淡的超新星，絕大多數都屬於這個類型。部分原因在於，它們往往也是最明亮的超新星，因此我們在遠距離之外，依然可以偵測到它們。

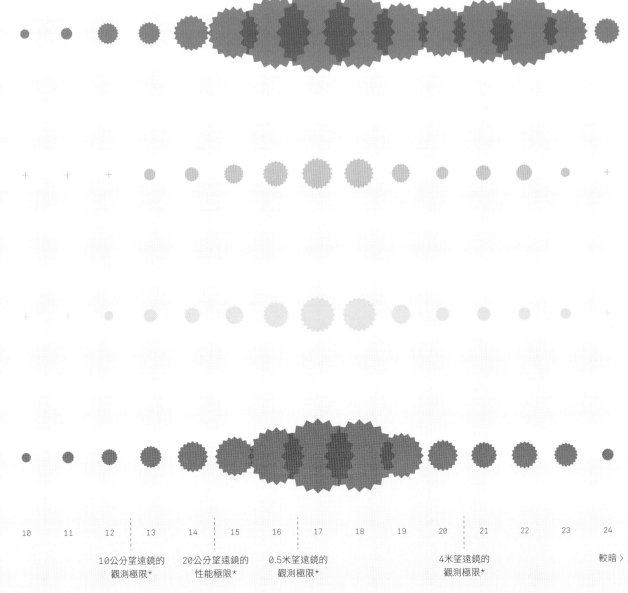

10	11	12	13	14	15	16	17	18	19	20	21	22	23	24

10公分望遠鏡的觀測極限*　　20公分望遠鏡的性能極限*　　0.5米望遠鏡的觀測極限*　　4米望遠鏡的觀測極限*　　較暗 >

脈衝星

一九六七年，劍橋大學學生喬絲琳·貝爾（Jocelyn Bell）注意到她的電波望遠鏡星表資料出現「少許浮渣」。那是規律爆發的無線電波脈衝，而且她也察覺，那種脈衝根源自地球之外。貝爾把它命名為「小綠人1號」（Little Green Man 1, LGM-1），不久之後，小綠人2號和3號也接連發現。和其他人討論之後，她明白自己發現的是一類當時業已預測，卻從來沒有人真正見過的死亡恆星。

質量遠大於太陽的恆星，結束生命之時就會變成超新星。當外側部分爆炸，內側部分則塌縮形成細小殘骸，質量略超過太陽，尺寸則壓縮成一座城市般大小。恆星塌縮時會提高自轉速率，磁場集中，密度高得連質子和電子都被束縛在一起並形成中子。最後結果就形成一顆中子星，表面自轉速度高達光速的15%。

通常，中子星會從兩極各放射出一束無線電波。倘若旋轉和磁軸有別，射束就會像燈塔光束般環掃天空。如果是射束掃過地球，那麼每次我們都會看到無線電波閃現一次，於是我們便

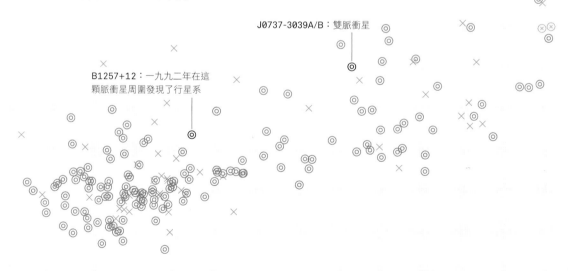

× 脈衝星
◎ 有一顆或多顆伴星的脈衝星
⊗ 和超新星殘骸連帶有關的脈衝星

船帆座：一萬多年前爆炸的超新星留下的殘骸

蟹狀星雲：一〇五四年爆炸並經中 ⊗
國天文學家記載的超新星。殘留的
脈衝星於一九六八年發現

蟹狀星雲

一立方公分蟹狀星雲脈衝星的磁場，相當於
一座核能電廠的輸出量。一立方米所含能量，
超過人類總輸出量。

J0737-3039A/B

二〇〇四年發現，兩顆脈衝星互繞運行。天
文學家仔細監測它們的行為改變，從而得以
檢定廣義相對論達99.995%準確度。

J0737-3039A/B：雙脈衝星

B1257+12：一九九二年在這
顆脈衝星周圍發現了行星系

〈踩煞車

溫差〉

0.001 秒／每轉　　　　　　0.01 秒／每轉　　　　　　0.1 秒／每轉

稱之為「脈動的中子星」，或逕稱為「脈衝星」。

拿脈衝星的轉動時間和轉速減緩得多快來做個比較，就會產生很有趣的結果。較年輕的脈衝星見於偏左上方位置，有伴星的脈衝星則見於左下方。當脈衝星老化，轉速隨之變慢，減緩速率也跟著遞減；脈衝星向右下方移動。到了某個時候，它就會通過「脈衝星死亡線」，這時射束似乎就熄滅了。

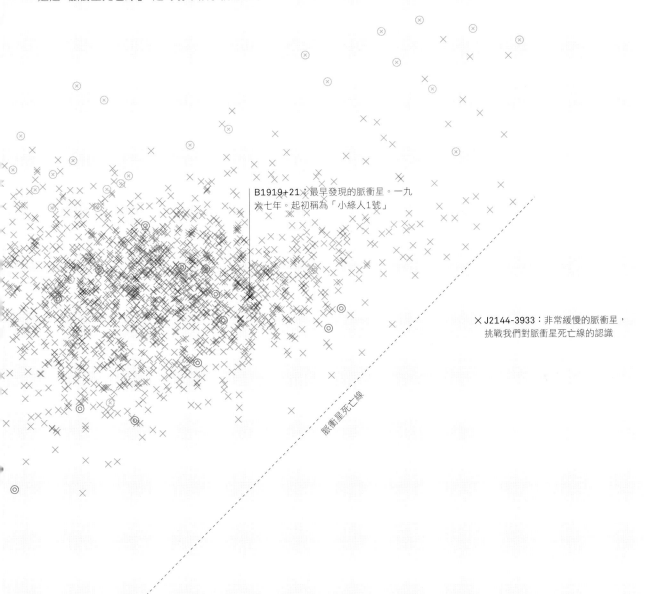

B1919+21：最早發現的脈衝星。一九六七年。起初稱為「小綠人1號」

╳ J2144-3933：非常緩慢的脈衝星，挑戰我們對脈衝星死亡線的認識

脈衝星死亡線

1秒／每轉

10秒／每轉

我們都是星塵

生命很複雜，必須仰賴繁多不同原子和分子間的化學反應來維繫。地球上所有生命的基礎是氫、碳、氮、氧和磷構成的DNA。不過這所有化學元素都是從哪裡來的？較重元素多半在超新星階段形成，包括對我們所知生命非常重要的若干元素。這些物質還投入形成新的恆星和行星。

最早的時候

最早的時候*，宇宙是最輕的兩種元素「氫和氦」所構成的一片汪洋，再加上後續反應生成的非常少量的鋰、硼和鈹。

*不完全是在最早的時候，最早的安定原子
　是直到大霹靂後38萬年左右方才形成。

　原子序數
　元素中名
　化學符號
　元素英名

☐ 生命所需

▨ 構成的元素

　尚未發現

恆星的核心材料

太陽一類恆星能形成碳、氮、氧和氖，到生命將近結束之際，還會形成矽。

恆星怪物

大質量恆星核心的高能量程序會生成元素來填補週期表其餘半數空缺。其中鋁、矽和氧是地殼所含三大最常見元素。

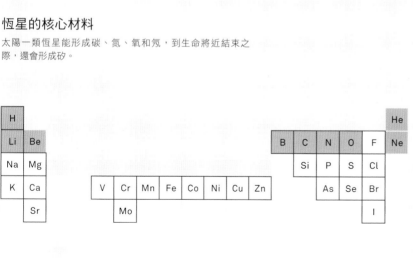

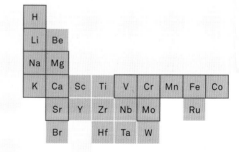

氦 He Helium 2

硼 B Boron 5　碳 C Carbon 6　氮 N Nitrogen 7　氧 O Oxygen 8　氟 F Fluorine 9　氖 Ne Neon 10

鋁 Al Aluminium 13　矽 Si Silicon 14　磷 P Phosphorus 15　硫 S Sulphur 16　氯 Cl Chlorine 17　氬 Ar Argon 18

錳 Mn Manganese 25　鐵 Fe Iron 26　鈷 Co Cobalt 27　鎳 Ni Nickel 28　銅 Cu Copper 29　鋅 Zn Zinc 30　鎵 Ge Gallium 31　鍺 Ge Germanium 32　砷 As Arsenic 33　硒 Se Selenium 34　溴 Br Bromine 35　氪 Kr Krypton 36

鎝 Tc Technetium 43　釕 Ru Ruthenium 44　銠 Rh Rhodium 45　鈀 Pd Palladium 46　銀 Ag Silver 47　鎘 Cd Cadmium 48　銦 In Indium 49　錫 Sn Tin 50　銻 Sb Antimony 51　碲 Te Tellurium 52　碘 I Iodine 53　氙 Xe Xenon 54

錸 Re Rhenium 75　鋨 Os Osmium 76　銥 Ir Iridium 77　鉑 Pt Platinum 78　金 Au Gold 79　汞 Hg Mercury 80　鉈 Ti Thallium 81　鉛 Pb Lead 82　鉍 Bi Bismuth 83　釙 Po Polonium 84　砈 At Astatine 85　氡 Rn Radon 86

鈹 Bh Bohrium 107　鑲 Hs Hassium 108　䥑 Mt Meitnerium 109　鐽 Ds Darmstadium 110　錀 Rg Roentgenium 111　鎶 Cn Copernicium 112　元素113 Uut Ununtrium 114　鈇 Fl Flerovium　元素115 Uup Ununpentium　鉝 Lv Livermorium 116　元素117 Uus Ununseptium 117　元素118 Uuo Ununoctium 118

鉕 Pm Promethium 61　釤 Sm Samarium 62　銪 Eu Europium 63　釓 Gd Gadolinium 64　鋱 Tb Terbium 65　鏑 Dy Dysprosium 66　鈥 Ho Holmium 67　鉺 Er Erbium 68　銩 Tm Thulium 69　鐿 Yb Ytterbium 70　鎦 Lu Lutetium 71

錼 Np Neptunium 93　鈽 Pl Plutonium 94　鋂 Am Americium 95　鋦 Cm Curium 96　鉳 Bk Berkelium 97　鉲 Cf Californium 98　鑀 Es Einsteinium 99　鐨 Fm Fermium 100　鍆 Md Mendelevium 101　鍩 No Nobelium 102　鐒 Lr Lawrencium 103

塵歸塵

較重元素大半在超新星階段生成，這是最大質量恆星臨死前的最後一擊。這類爆炸事件生成的物質，包括對我們所知生命非常重要的若干元素。

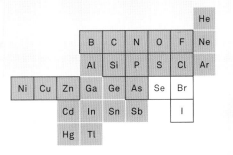

進動

地球的轉軸北端指朝北極星（或其附近一點），不過北極星並沒什麼特別。天球北極和北極星排成一線只是個巧合，也不總是如此。地軸和地球繞日軌道相比傾斜約23.5度。地軸在幾萬年期間不斷搖晃擺動，兩極上空的位置也不斷改變。

天球北極

金字塔建造之時，天球北極還很接近天龍座右樞（天龍座α），從今天起一萬四千年後，非常明亮的織女星，就會成為北極星。

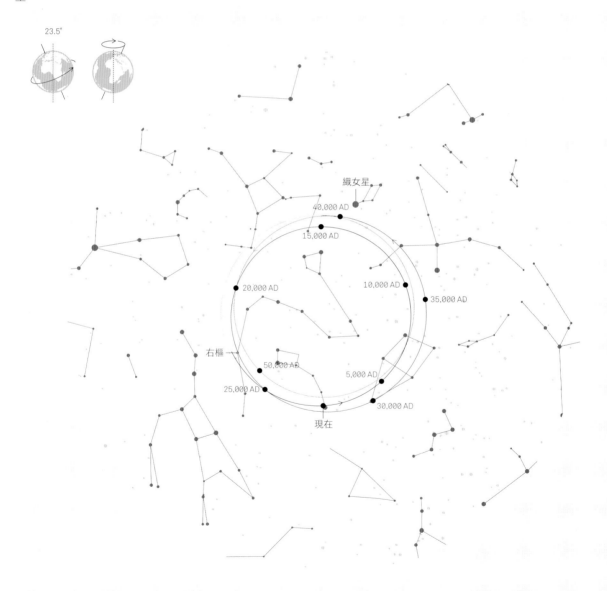

天球南極

目前天球南極附近並沒有亮星，不過它指向南十字座旁邊。這
種情況在一千年間就會改變，同時在一萬四千年後，天球南極
就會位於天上次亮恆星「老人星」的約十度以內位置。

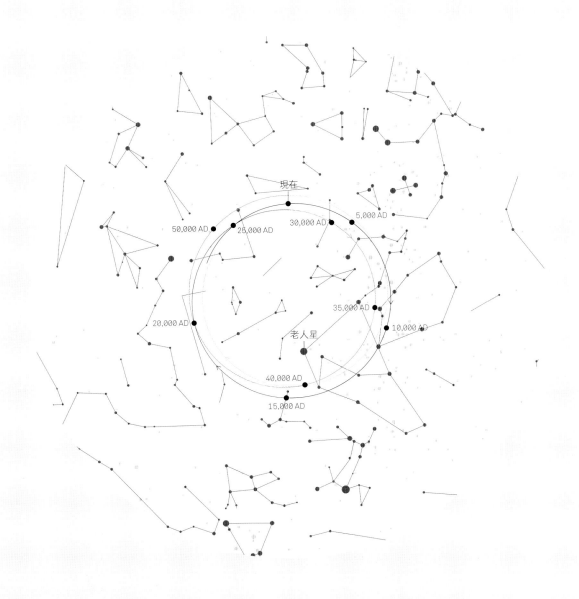

第六章／星系

銀河系

從外界看來，我們這座星系（銀河系）看來就像彼此貼靠的兩枚煎蛋。我們位於蛋白部位，約略就在從中央算來三分之二的地方，所以我們會看到周圍圈繞一條帶子。我們可以把銀河條帶擺置在天空當中，把它當成一個球體的「赤道」線，橫越書頁，並把銀河中心擺在天圖中央。

本跨頁左右兩緣是相接的。當你看著「赤道」線，也就是在端詳盤面，因此大半也只能看到本地群星、塵埃和星雲。若從「赤道」朝上、下移動，也就是從盤面上、下方向外看出，你就可以從比較沒有阻礙的視角，看到更外面的事物。

除了恆星，天上還能見到其他多種天體，從一起形成的群星團，到遠近各星系等。

Mrk 841

✕ PSR J1836+5925

M 14 ◆

◇ NGC 6633

NGC 7822 ◎   天鵝座A   ✕ 天鵝座X-1

IC 1848 ◇ ◎ NGC 896   M 52   天鵝座超級氣泡 ◎   三裂星雲（三葉星雲）

◇ M 38   ◇   仙后座A ⊗   M 11 ◇
◎ 蝌蚪星雲   M 22 ◆
                    ◎ NGC 281   ◎ M 27
◎ 加利福尼亞星雲   面紗星雲

◎ 英仙座星雲

◇ 昂宿星團   ● 仙女座星系

仙女座星系

這是和銀河系雷同的星系。它位於250萬光年之外，也是肉眼可見的最遙遠星體。

● 3C 454.3

昂宿星團

幾百顆恆星組成的「疏散星團」。這群恆星約一億年前一起從同一團氣體、塵埃雲霧凝結成形，往後會隨時間逐漸疏散開來。

× 恆星　　　　　　　◎ 星雲　　　　　　　♋ 棒旋星系
✳ 星群　　　　　　　⊗ 超新星殘骸　　　　🍂 透鏡狀星系
◇ 疏散星團　　　　　◖ 星系　　　　　　　🍂 橢圓星系
◆ 球狀星團　　　　　↻ 螺旋星系

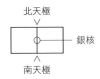

北天極
銀核
南天極

🍂 M 87

◎ 3C 273

◎ 3C 279

3C 273
一九五〇年代，電波天文學家在天上發現了好幾百顆非常明亮的星體。這當中許多都經辨識為遙遠的星系，且中央有顆超大質量黑洞。如今這些天體便稱為「類星體」。

半人馬座A
以可見光觀察，看來就像一座低調的星系，不過它卻有兩片巨型葉瓣，從其星系核的超大質量黑洞上下兩方反向噴出。

◎ QSO J1512-0906

船帆座超新星的殘骸
一顆1萬1千年前爆炸的大質量恆星留下的殘骸，位置在船帆座方向。其中心含一顆中子星。

✳ 天蠍座上半部
✳ 蛇夫座 ρ

🍂 半人馬座A
◆ 半人馬座ω

◇ NGC 4755
◎ 船底座星雲
◇ IC 2602

⊗ 船帆座超新星的殘骸

◇ M 93

◇ M 41

SN 437 ×

玫瑰星雲 ◎
蟹狀星雲超新星的殘骸 ⊗

獵戶座 λ ✳

◎ 火燄星雲
◎ 獵戶座大星雲

半人馬座ω
銀河系內最大型球狀星團。這個略呈球形的恆星群是在數十億年前一起形成，並受重力束縛在一起。

獵戶座大星雲
氣體和塵埃雲霧稱為星雲，恆星就是星雲形成的。地球上所見的最明亮星雲是獵戶座大星雲，約位於1千5百光年之外。

↻ 大麥哲倫星雲

◖ 小麥哲倫星雲

大、小麥哲倫星雲
繞行我們這座銀河系的小型星系。在南半球肉眼就能見到這兩座星雲。

× SN 2006dd

隱匿無形的星系

我們能以雙眼見到的，只是全貌的一部分。最早讓我們瞥見肉眼可見部分之外景象的是電波望遠鏡。除了熟悉的銀河條帶等相同特徵之外，這類望遠鏡還呈現出陌生的新事物。如今有了太空望遠鏡，我們更能見識到幾乎完整的電磁頻譜。

1／伽瑪射線

費米伽瑪射線太空望遠鏡讓我們得以研究能量等級遠高於陸基粒子加速器的次原子粒子。它讓我們見識到黑洞和宇宙間其他高能事件產生的作用。

2／紅外線

紅外線天文衛星是美國、英國和荷蘭聯手研發的衛星。紅外線特別適合用來偵測號稱「星系卷雲」的暖塵埃絲縷。

3／微波

普朗克衛星是歐洲太空總署在二〇〇九年執行的任務。除了顯現銀河系的氣體和塵埃之外，它還分從平面上下兩側，呈現宇宙最早期發出的光線，年代上溯至大霹靂後38萬年。

4／X射線

倫琴衛星是德、美、英三國合作衛星。X射線是物質加熱至數百萬度時射出的。宇宙爆炸和高速事件也都會發出這種射線。黑色條紋並不是真正的特徵；它們是衛星出了毛病，沒照出的區塊。

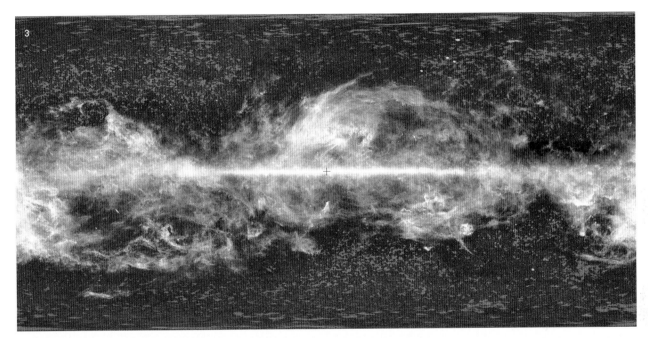

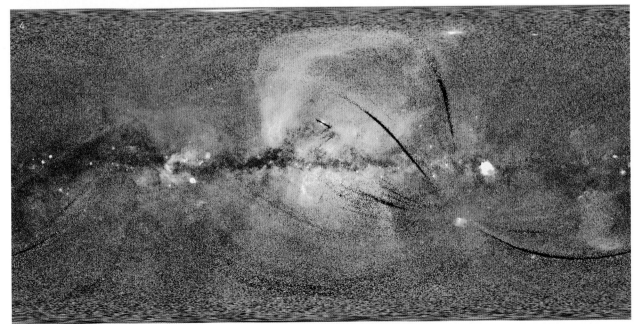

星系極化現象

銀河系會發出磁場，由帶電粒子的運動生成。我們沒辦法直接見到這種磁場，卻能看到它的副作用，好比宇宙塵埃纖小顆粒排列成行。歐洲太空總署的普朗克衛星能顯示全天空的這種排列樣式，展現出銀河系和鄰近星系的這種繁複結構。這類樣式突顯某些鄰近區域正形成恆星和塵埃，從而在磁場中產生扭曲和湍流現象。

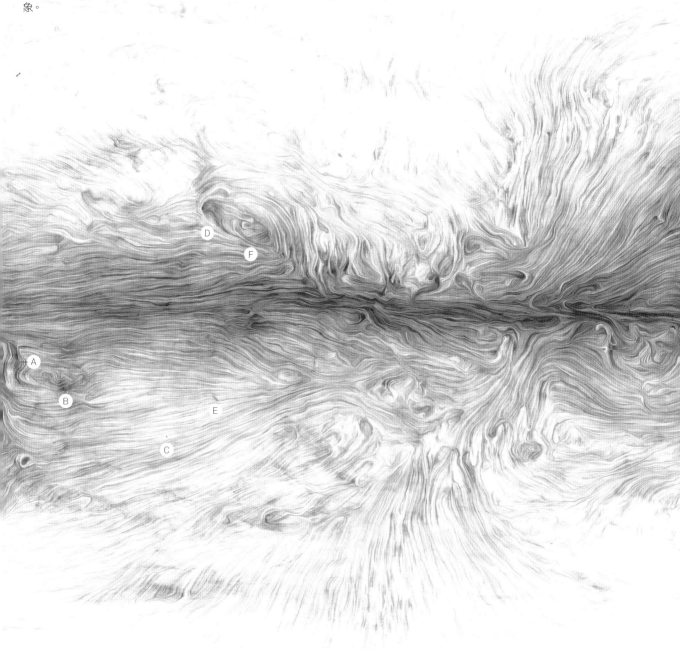

A／金牛座分子雲
B／英仙座分子雲
C／三角座星系

D／北極星耀斑
E／仙女座星系
F／仙王座耀斑

G／蛇夫座 ρ
H／小麥哲倫星雲
I／船底座星雲

J／大麥哲倫星雲
K／船帆座分子雲脊
L／獵戶座分子雲

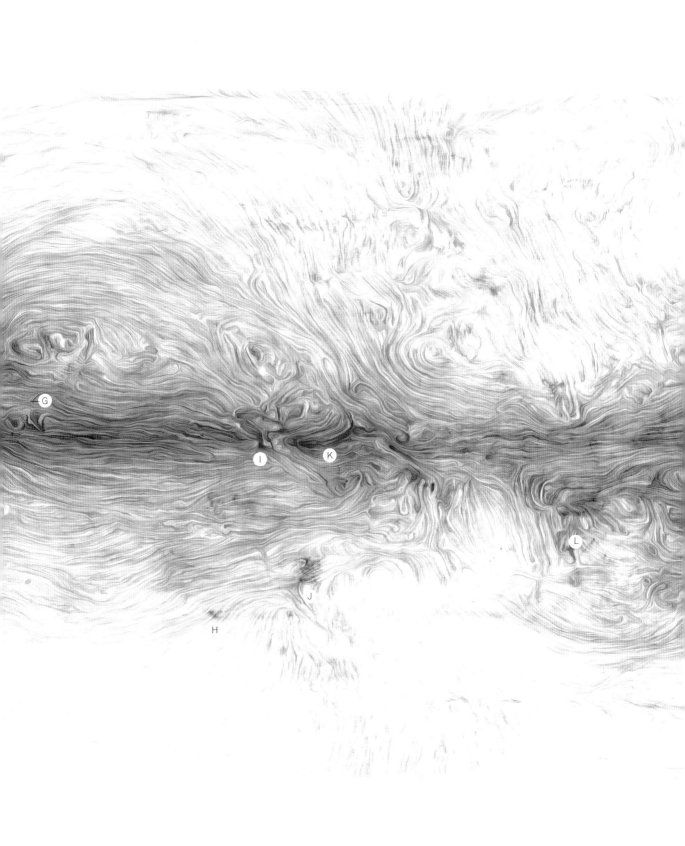

銀河系的結構

我們所見的恆星，多半距離太陽不到一千光年，所以就銀河系尺度來講，還算相當本土。早期觀測結果顯示，銀河系呈圓盤形，寬約十萬光年，厚僅一千光年。一九八〇年代的觀測結果則顯示，最古老的恆星，有些位於一個厚約三萬光年的更厚盤面。那個盤面周圍環繞一個略呈球形，由恆星形成的「銀暈」。這團恆星屬於銀河系間最古老的星群，而銀暈則包含好幾個古老的球狀星團。

以無線電和紅外線波長來測繪銀河系，我們就得以看穿大半朦朧塵埃，建構出一幅3D結構圖。如今我們知道，銀河系有兩條主旋臂，分別從位於銀核的三萬光年長的棒狀結構兩端向外延伸。這兩條旋臂並不是固定的結構，只顯示在這些地帶的恆星密度較高。旋臂的運動和恆星無關，這就很像交通壅塞是沿著公路逆向移動，而汽車則是向前行駛。

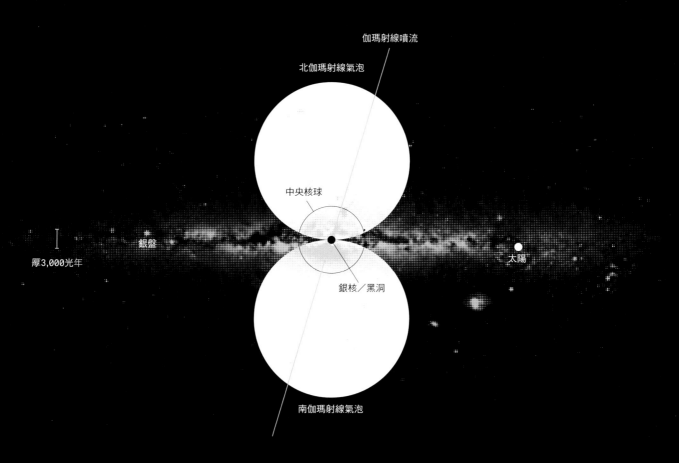

二〇一〇年，航太總署的費米衛星發現證據，顯示從銀河系核心會吹出熱氣氣泡。這種熱氣有可能是大質量恆星的爆炸產物，或也可能和銀河核心的超大質量黑洞有關。

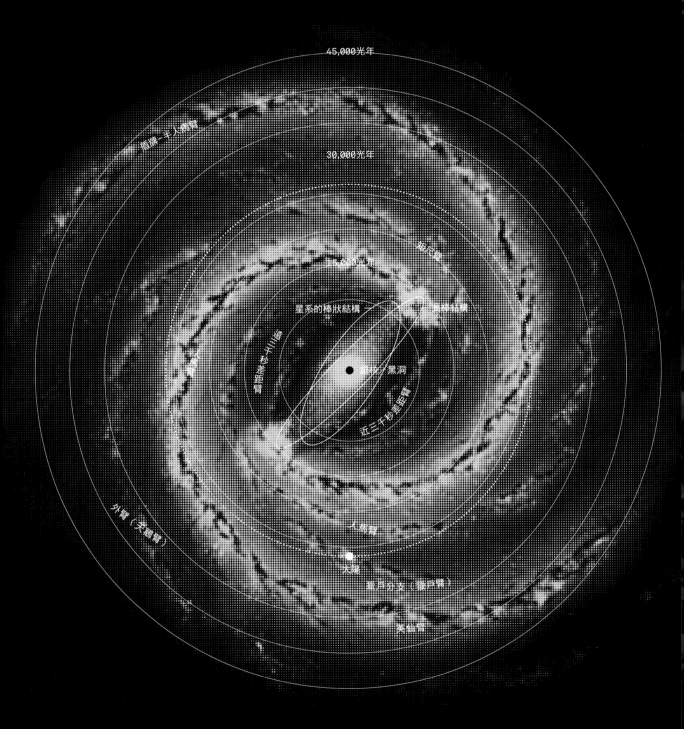

45,000光年

30,000光年

15,000光年

眉牌－半人馬臂

星系的棒狀結構

超大黑洞

外臂（天鵝臂）

太陽

獵戶分支（獵戶臂）

英仙臂

太陽位於「獵戶分支」，距離銀核約2萬8千光年。這個
分支介於兩大旋臂之間，緊貼銀盤中央下方。

本地星系片

銀河系不過是眾多星系當中的一個。和我們距離最近的星系包括大、小麥哲倫星雲的不規則矮星系和人馬座矮星系。距離最近的大型星系是仙女座星系，約位於250萬光年之外。

本星系群包含銀河系和仙女座星系，加上5百萬光年左右幅員內的約五十個矮星系。本星系群之外，約2千5百萬光年範圍內，還另有40-50個大型燦爛星系。其中許多共同形成本地星系片；這是一個細薄狀似鬆餅的星系團，與本超星系團（橫跨5億光年區域的10萬座星系）呈8度傾斜角。

朝獅子座方向有個小型星系群，稱為「M96群」。這群星系和本星系群全然分離，卻仍屬於同一個本超星系團的一部分。

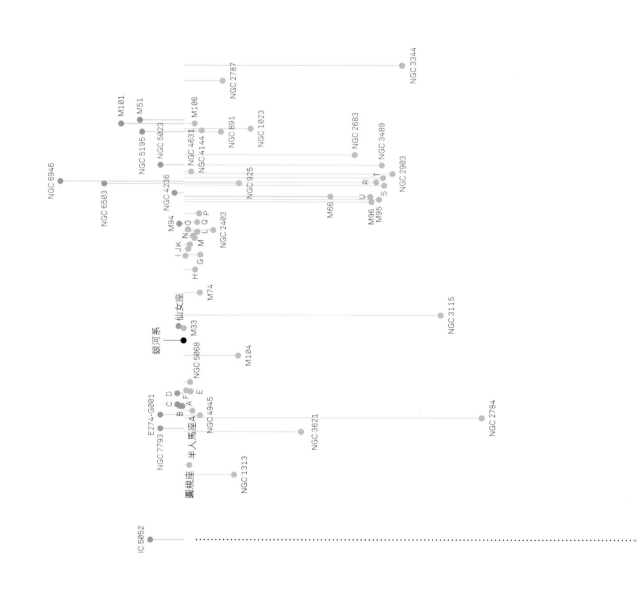

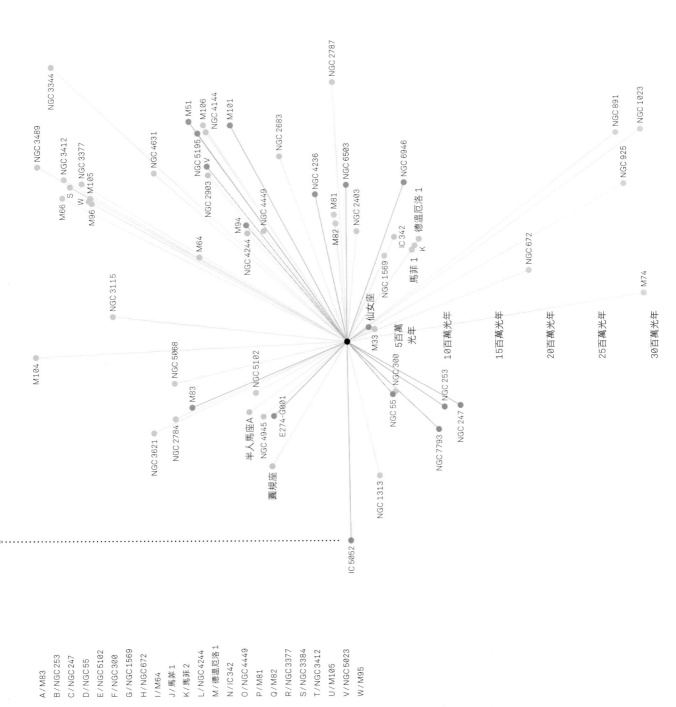

A / M83
B / NGC 253
C / NGC 247
D / NGC 55
E / NGC 5102
F / NGC 300
G / NGC 1569
H / NGC 672
I / M64
J / 馬菲 1
K / 馬菲 2
L / NGC 4244
M / 德溫厄洛 1
N / IC 342
O / NGC 4449
P / M81
Q / M82
R / NGC 3377
S / NGC 3384
T / NGC 3412
U / M105
V / NGC 5023
W / M95

最接近的三萬個星系

我們向外眺望宇宙，就能看出星系分布並不均勻。當它們從太初氣體濃湯（primordial soup of gas）形成之時，重力便開始把它們拉扯到一起。我們可以見到它們共棲，形成龐大星系團，並拉出漫長星流跨越太空。我們的銀河系也被拉向鄰近星系團，而那個星系團本身也被緩慢拉向相隔更浩瀚距離、號稱「巨重力源」（The Great Attractor）的超星系團。

隱匿帶（銀河系盤面）

星系類型

ᕫ 螺旋

○ 橢圓

● 其他

距離

近–遠

A／英仙–雙魚超星系團

B／沙普力超星系團

C／室女座超星系團

D／巨重力源

E／后髮座超星系團

C

E

B

D

星系動物園

一九二六年，天文學家愛德溫·哈伯（Edwin Hubble）提出一種做法來為星系形狀分門別類。如今這便稱為哈伯序列（Hubble Sequence），俗稱哈伯音叉圖（Hubble Tuning Fork）。這幅圖的一端有球狀星系，另一端則是螺旋星系。由於螺旋星系又區分為兩群，有些的中心有短棒，有些沒有，因此圖示呈音叉狀。依照星系模樣來分門別類很費時間，而且對電腦來講，這更是艱困之極的工作。二○○七年，史隆數位巡天計畫（Sloan Digital Sky Survey）發現了好幾十萬座星系，天文學家必須尋覓新的做法來處理資料。他們建立了一個稱為星系動物園的網站（galaxyzoo.org），徵請民眾幫忙分類星系。那個網站經營得非常成功，到了二○一○年，將近8萬4千位民眾，針對超過30萬座星系，提出了1千6百萬項細目分類。這些人共同編纂出迄今規模最大、也最可靠的星系形狀資料庫。（註：中文版網站http://zhtw.zooniverse.org）

◯　星系數量

橢圓星系

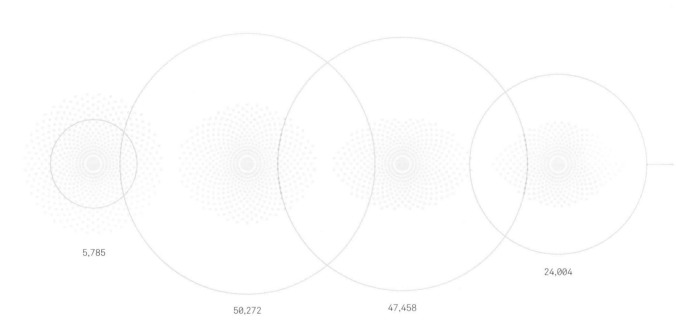

5,785

50,272

47,458

24,004

螺旋星系（普通）

1,843

37,818

49,107

5,564

螺旋星系（棒旋星系）

306

11,024

9,207

865

第七章／宇宙學

虛無的太空

太空是空的，真的是空的！
平均密度為每立方米含一顆氫原子。

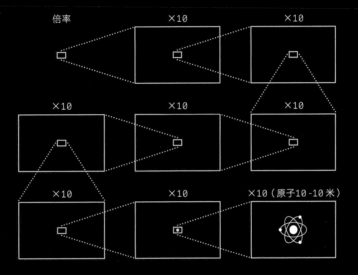

倍率

×10

×10

×10

×10

×10

×10

×10

×10（原子10⁻10米）

宇宙模型

宇宙是萬事萬物的總和。我們對宇宙的認識，還有我們在宇宙中的地位，在過去幾千年來已經出現大幅變化。

早期許多理念，都把地球擺在中央位置，卻也不是所有人都這樣想。地球周圍是鑲嵌於旋轉球面上頭的行星，再外面是「恆定的」星辰。有些人則稱，恆星是太陽的遠方翻版，而且它們各具行星系。

柏拉圖（Plato）的宇宙把地球擺在中央，行星則在旋轉球面上繞軌運行。不過這顯然並不能解釋觀測行星所見運動，所以托勒密（Ptolemy）又添了一些偏心圓和本輪：行星群各自繞行某個定點，而該群定點則繞行偏離地球的某處定點。

中世紀的種種宇宙模型依然受到柏拉圖的影響，不過也納入了當代的宗教教義，甚至採用了一些新奇造型，如賓根的希爾德格（Hildegaard of Bingen）設想的宇宙蛋（cosmic egg）。

到了十六世紀，數學和觀測開始扮演更重要的角色。哥白尼（Copernicus）發現，若把太陽擺在中心，而行星則環繞正圓軌道運行，計算就會比較簡單。

柏拉圖（西元前427-347年）

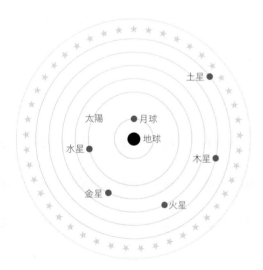

托勒密（西元2世紀）

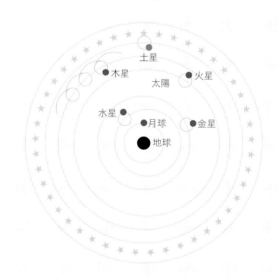

托馬斯·迪格斯（1576年）

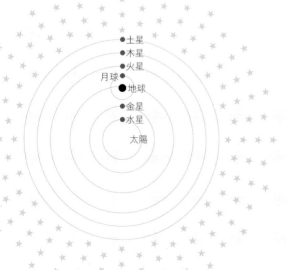

第谷·布拉赫（1583年）

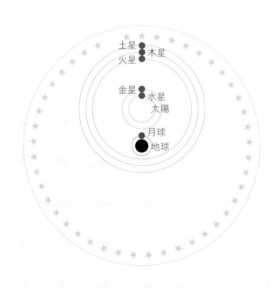

托馬斯・迪格斯（Thomas Digges）修改這種觀點，他把恆星均勻散置於遠更為廣大的宇宙當中。丹麥天文學家第谷・布拉赫（Tycho Brahe）以他的觀測結果來鼓吹一種地心宇宙說（Earth-centered universe），不過他也退讓一步：他讓太陽繞行地球，其他所有行星則都環繞太陽運行。克卜勒（Kepler）重新採納哥白尼的日心宇宙說（Sun-centered universe），不過他讓行星沿著橢圓軌道繞行。

接著，隨著啟蒙持續，觀測和理論也逐步進展。湯姆斯・萊特（Thomas Wright）和康德（Immanuel Kant）論稱，銀河呈條帶形狀，代表恆星肯定在我們周圍分布成某種圓盤樣式。甚至還有人認為，銀河系是宇宙間「眾多島嶼」之一。

如今我們的觀測遠勝祖先所得成果，其實歷來始終如此，現有成果暗示，我們的現有模型不盡然就能道出全貌。

賓根的希爾德（1142年）

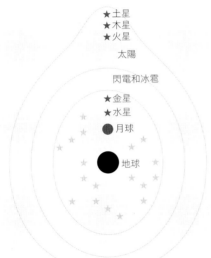

尼古拉・哥白尼（1543年）

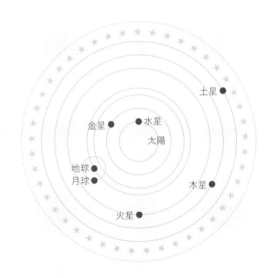

湯姆斯・萊特（1750年）

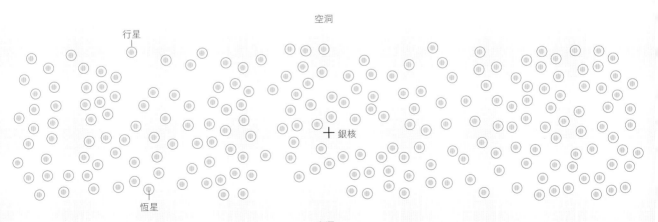

宇宙距離尺度

我們都被約束在地球上，要測量宇宙間的距離可不容易。若想要測量鄰近物體的距離，使用簡單幾何學就能辦到，不過若要向外遠眺宇宙，這時就得使用其他做法。許多方法都得先找出一種「標準燭光」（standard candle，已知具有固有亮度的某種事物），接著再根據它的視亮度，來求出它的距離。不同做法分別適用於不等距離範圍，所以若是能夠找到充分重疊的做法，我們就能把它們連結起來，擬出所謂的宇宙距離尺度（cosmological distance ladder）。目前歐洲太空總署的蓋亞衛星正從事視差（parallax）測量，還把距離拓展到遠遠更為遼闊的範圍。

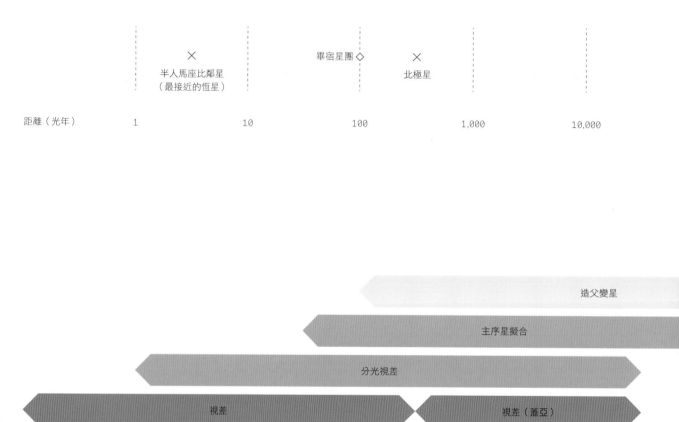

雷達

太陽系內鄰近天體的距離，可以使用雷達來直接測量。我們界定地球軌道尺度時，便曾借助金星距離的雷達測量值。

視差

伸出一指擺在前方，左右眼輪流觀看，你就會察覺，手指和遠方物體相比，看來會左右移動。我們可以使用同一種技術，在地球軌道相對兩側，分別測量恆星的位置。位置變化較大，就表示那顆恆星離我們比較近。

分光視差（Spectroscopic parallax）

若恆星亮度夠高，我們就有可能測知它的光線頻譜。辨識頻譜所含暗吸收線（dark absorption line），你就能得出該恆星的固有亮度應該多高，接著再由此得出距離。

主序星擬合（Main sequence fitting）

我們測量某星團內所有恆星的視亮度（apparent brightness）和色彩，並假定它們全都在同時形成，和地球的距離也都相等。接著把這些數值標繪在赫羅圖上，於是我們就能看出一群稱為「主序星」的恆星。

計算這群主序星亮度的偏高或偏低程度，再和其他星團數值比較，我們就能求出相對距離。

● 直接測量法
○ 標準燭光法
● 其他方法

大、小麥哲倫　　　仙女座　　　　　室女座　　　　　后髮座
　　星雲　　　　　　星系　　　　超星系團　　　　超星系團

10^6　　　　　　　10^7　　　　　10^8　　　　　10^9　　　　　10^{10}

紅移

超新星

塔利–費雪關係

造父變星
（Cepheid variables）

這些變星會隨尺寸脹縮而造成亮度強弱變化。脈動所需時間和恆星的實際亮度有直接關聯。測量該週期，便可得到實際亮度，再與視亮度比較，我們就能得出距離。

塔利–費雪關係
（Tully-Fisher）

一九七七年，布倫特・塔利（Brent Tully）和費雪（J. R. Fisher）兩位天文學家注意到螺旋星系的旋轉速度和它們的固有亮度有關。該轉速可以藉由都卜勒效應（Doppler Effect）測得，接著就可以判定距離。

超新星

白矮星達到臨界質量（1.44太陽質量）就會爆炸，形成Ia型超新星。由於爆炸質量是固定的，因此爆炸產生的實際亮度也始終不變。只要測得視亮度，而實際亮度又屬已知，由此就能求出超新星的距離。

紅移
（Redshift）

宇宙不斷膨脹，這就表示從遠方星系朝我們傳來的光線已經拉長（發生紅移）。光線拉長多少，取決於星系和我們相隔多遠，這個距離只需測量其光譜就能求得。

宇宙網

測量星系距離我們多遠得花許多時間,特別是當那些星系極黯淡又極遙遠。史隆數位巡天使用一台專屬望遠鏡,投入執行這項使命,測量數百萬星系的距離,遠及數十億光年之外。它檢視狹窄太空片段,避開銀河系光害汙染,儘管只呈現最明亮的星系,星系團宇宙網總算開始浮現眼前。

星系看來都呈長條絲狀布局,延伸達數十億光年。各絲狀構造之間有遼闊空洞,裡面只有非常稀少的星系。這種模式綿延到浩瀚距離之外,不過相隔愈遠,星系也愈難見到。

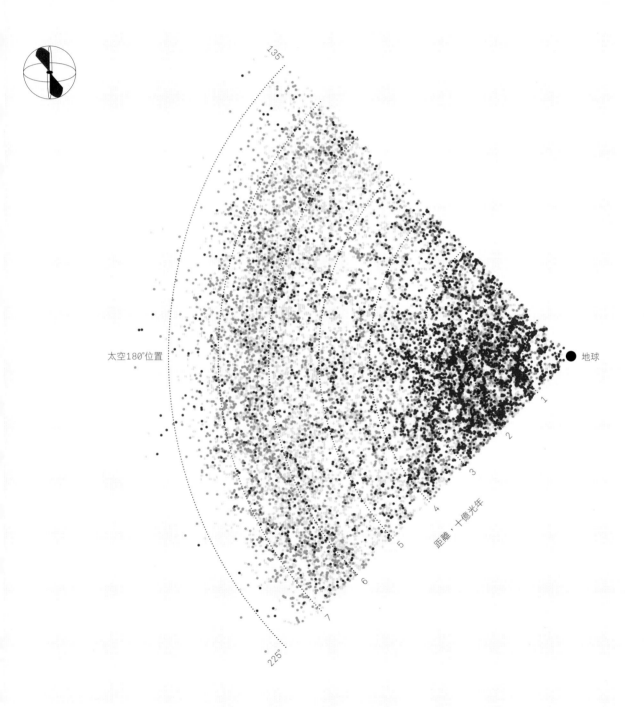

135°

太空180°位置

地球

距離,十億光年

1

2

3

4

5

6

7

225°

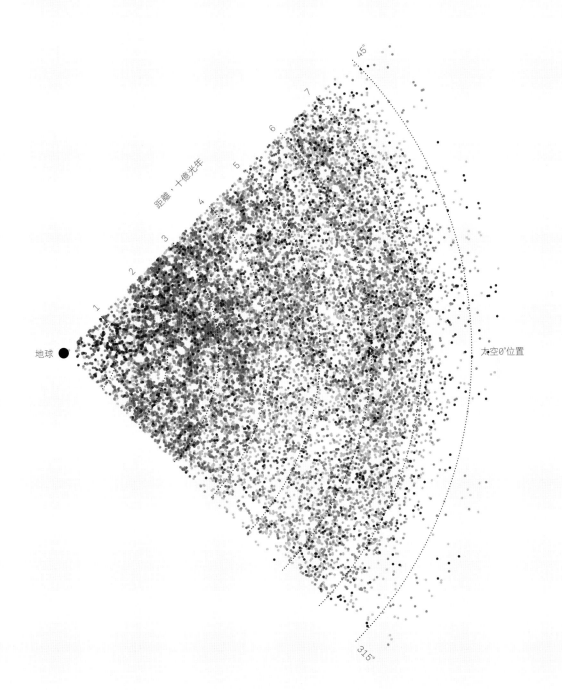

地球 ●

距離・十億光年

1
2
3
4
5
6
7

45°

太空0°位置

315°

宇宙是什麼東西組成的？

當我們檢視夜空，主要都看到恆星，然而它們其實只占了宇宙的極小部分。就質量而言，恆星以1:10敗給星際氣體、塵埃和次原子粒子的總量，不過那些東西以光學望遠鏡是看不見的。

就算把這一切全都考量進去，普通物質總重仍舊以1:5敗給「暗物質」（dark matter）。這種難以捉摸的宇宙成分，並不放射、吸收或散射光線，不過仍有引力。即便如此，這依然只占了宇宙的三分之一左右。宇宙絕大多數能量，都出自真正神祕的「暗能量」（dark energy），它把星系團分散推開，加快宇宙的整體膨脹速率。

- 暗能量68.3%
- 暗物質26.8%

普通物質4.9%
- 恆星0.5%
- 氣體4%
- 微中子0.3%
- 塵埃＜0.1%

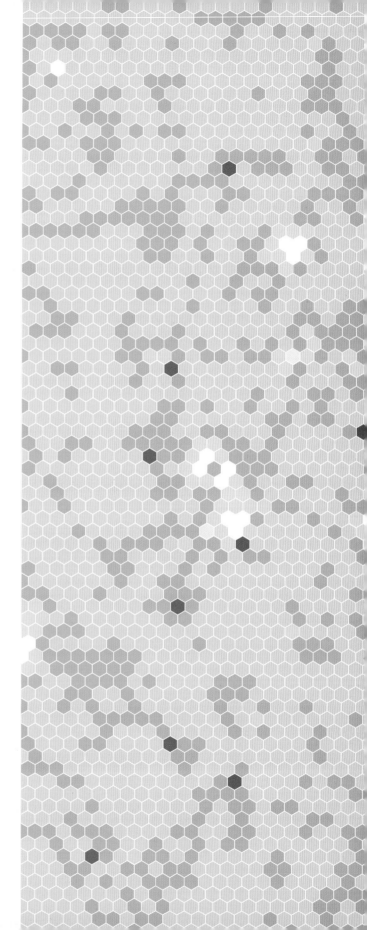

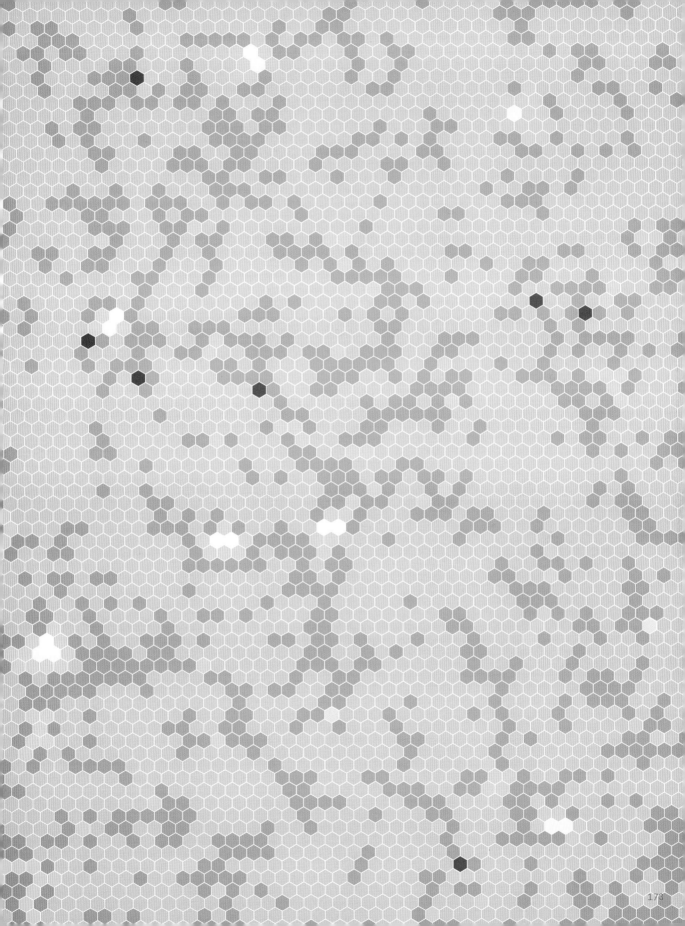

宇宙的演化

依據現有物理理論，雖然我們無法精準描繪宇宙起點瞬間的情況，卻也能掌握個十之八九。儘管這當中牽涉到極端高溫，單以當今知識，我們仍然能理解最初那毫秒瞬間發生了哪些歷程。

宇宙膨脹時，溫度也隨之下降，而且構成我們的物質的組成成分，也都在頭三分鐘期間完全形成。由於當時溫度太高，直到三十八萬年之後，原子才得以成形，而且宇宙起初是不透光的。據信最早的恆星是在幾億年過後方才形成，星系則是在往後十億年間才集結出現。我們認為，宇宙的最大型結構（超星系團）肇因於細微的量子漲落，根源自緊接大霹靂（Big Bang）之後那毫秒瞬間——也就是我們實在不了解的那個時段。

到了一九九〇年代，我們以為自己知道宇宙的未來命運，接著在一九九八年，對遙遠超新星的觀測結果顯示，約四十億年前，發生了某種料想不到的現象。空間膨脹似乎開始加速，被一種神祕的「暗能量」推了開來。膨脹看來是真的，卻沒有人知道這種暗能量是什麼。

—— 可觀測宇宙的半徑

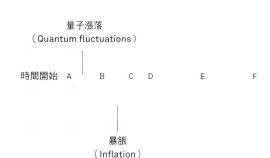

量子漲落
（Quantum fluctuations）

輕核形成
（Light nuclei form）
3分鐘／10萬凱氏度

物質支配
（Matter dominates）
5萬年／1萬凱氏度

宇宙微波背景
（Cosmic microwave background）
38萬年／3千凱氏度／電子與核結合形成最早的原子。宇宙開始透光，充滿了中性氣體。黑暗時期開始。

時間開始　A　　B　　C　D　　　E　　　　F

暴脹
（Inflation）

A　普朗克時期～未知的物理學！
10^{-43}秒／10^{32}凱氏度／量子重力造成量子漲落。

B　開始暴脹
10^{-36}秒／10^{28}凱氏度／量子漲落增長至宏觀尺度。

C　暴脹結束
10^{-32}秒／10^{27}凱氏度／宇宙幾乎完全均勻。輻射支配宇宙。

D　次原子粒子（Subatomic particles）形成
10^{-10}秒／10^{15}凱氏度／最後便形成夸克（quark）、電子和微中子（neutrino）。

E　質子（proton）形成
10^{-6}秒／1兆凱氏度／質子和中子（neutron）形成。

F　反物質（anihilation）的湮滅
1秒／1百億凱氏度／宇宙大半物質都是暗物質。

現今
138億年／2.7凱氏度

暗能量支配
1百億年／4凱氏度／
膨脹開始加速。

銀河系形成
50億年／6凱氏度

星系合併
30億年／7凱氏度／
恆星形成作用達到高
峰。

最早的星系
10億年／15凱氏度／
最早的星系合併，尺
寸增長。

最早的恆星
5億年／30凱氏度／
最早的恆星形成，把
宇宙大半氣體再電離
（reionising）。

10的乘冪

從最纖小的次原子粒子到整個可觀測宇宙，宇宙的尺度浩瀚無垠。

本節試著理解這個範圍有多大，讓我們從微小得令人難以置信的質子等級開始：我們可以放大十倍，來看看一顆原子的核心；放大10萬倍，我們就來到水分子的尺寸；再放大10倍，就來到DNA股等級；從這裡再踏出1萬倍，我們就來到人類毛髮寬度，還有我們日常會遇見的種種等級。

天文學處理種種龐大尺度，往往浩瀚得令人無從想像。就算是本地尺度，月球位於38萬公里之外，依人類標準，那種距離已經相當遼闊。天文學的長度標準單位是光年，約相當於10兆公里。就算使用這些術語，那些尺度依然龐大──銀河系的最近鄰居仙女座星系，就位於兩百多萬光年之外。

從這類大尺度範圍來看宇宙，和從最小尺度來審視，宇宙都同樣空曠。不論你怎樣看，太空真的都是空的！

B lyr／十億光年

M lyr／百萬光年

k lyr／千光年

T km／兆公里

B km／十億公里

M km／百萬公里

km／公里

m／米

cm／釐米

mm／毫米

μm／百萬分之一米

nm／十億分之一米

pm／兆分之一米

fm／千兆分之一米

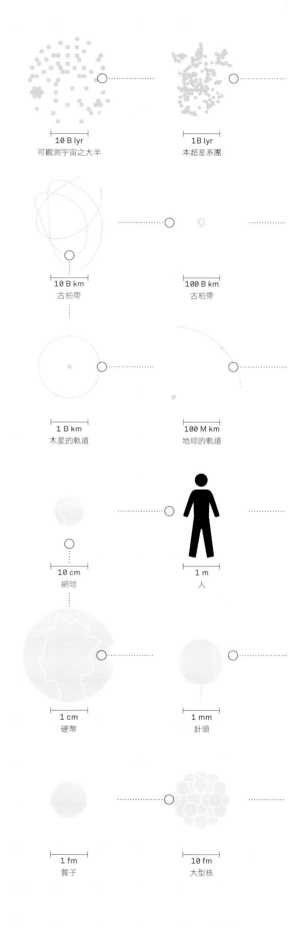

| 10 B lyr | 1 B lyr |
| 可觀測宇宙之大半 | 本超星系團 |

| 10 B km | 100 B km |
| 古柏帶 | 古柏帶 |

| 1 B km | 100 M km |
| 木星的軌道 | 地球的軌道 |

| 10 cm | 1 m |
| 網球 | 人 |

| 1 cm | 1 mm |
| 硬幣 | 針頭 |

| 1 fm | 10 fm |
| 質子 | 大型核 |

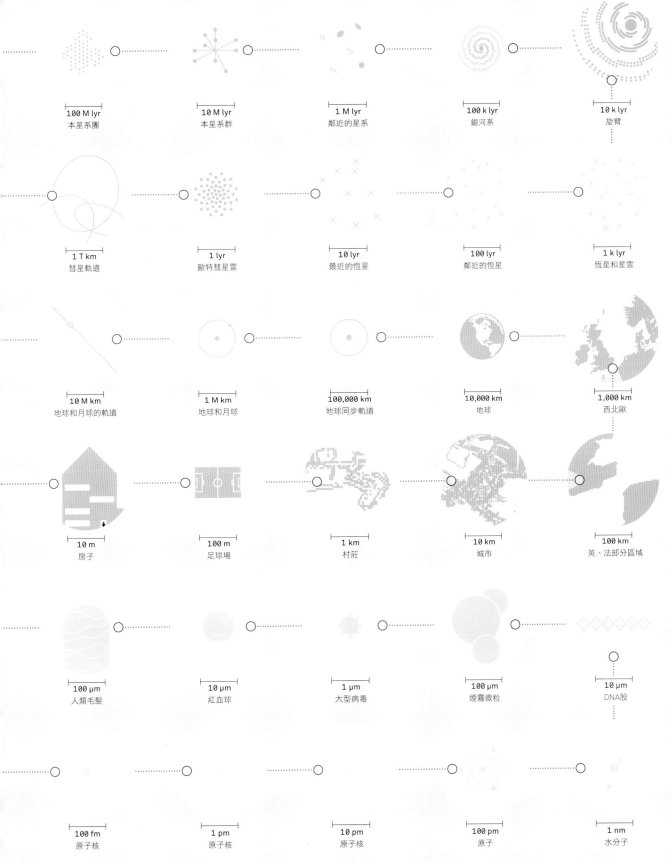

100 M lyr	10 M lyr	1 M lyr	100 k lyr	10 k lyr
本星系團	本星系群	鄰近的星系	銀河系	旋臂

1 T km	1 lyr	10 lyr	100 lyr	1 k lyr
彗星軌道	歐特彗星雲	最近的恆星	鄰近的恆星	恆星和星雲

10 M km	1 M km	100,000 km	10,000 km	1,000 km
地球和月球的軌道	地球和月球	地球同步軌道	地球	西北歐

10 m	100 m	1 km	10 km	100 km
房子	足球場	村莊	城市	英、法部分區域

100 μm	10 μm	1 μm	100 μm	10 μm
人類毛髮	紅血球	大型病毒	煙霧微粒	DNA股

100 fm	1 pm	10 pm	100 pm	1 nm
原子核	原子核	原子核	原子	水分子

第八章／其他世界

尋找系外行星

系外行星意指環繞非太陽之其他恆星運行的行星。長久以來，我們總猜想宇宙存有其他行星系，然而直到一九九〇年代，科技才終於帶領我們驗證確有其事。你該怎樣尋覓？可以採行以下數種做法。

● 光點
（Blips，微透鏡法）

從我們的地球觀測位置，有少許機會能見到一顆恆星從另一顆前方通過。這種情況發生時，較靠近那顆恆星的重力，就會讓發自較遠方恆星的光線彎曲並從身邊繞過去，從而提增該近星的亮度。倘若較近恆星有顆行星，這也就會放大背景恆星，從而再添一個光點，進一步提高亮度。這種做法可以用來偵測小行星，只可惜，光點是一次性事件，只能持續幾個星期，因此後續很難再次觀測。

● 圖像
（Pictures，直接成像法）

我們很難看見繞行恆星的行星，這是由於和行星相比，恆星顯得極其明亮所致。這就像是想在體育場泛光燈旁邊看到一隻蒼蠅一樣。若想提高機會，我們可以改用紅外光，因為行星以這種光來觀測，看起來會比較明亮。舉例來說，以可見光觀察時，太陽的亮度約為木星的十億倍，若以紅外線觀測，則太陽只為百倍亮度。此外，我們還可以設法擋住母星發出的光，這樣機會就更高了。採取這種做法，比較容易找到和母星相隔較遠的較溫暖行星。

● 兩側觀測
（Side-to-side，天體測量學）

一般都認為，是行星繞著恆星運行，其實情況還更微妙。恆星和行星都環繞它們的共同質心（common centre of mass）運行。倘若你準確測得恆星在不同時間的位置，就能看出它如何繞軌運行。當行星的運行軌道較大，這效應也就比較明顯。由於恆星運動十分微小，因此這種做法極難運用。不過，預計歐洲太空總署的蓋亞太空船當能以這種做法找到許多行星。

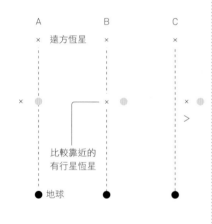

A／行星所致光線微弱彎曲
B／恆星所致光線微弱彎曲

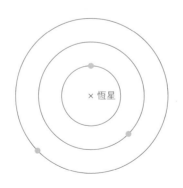

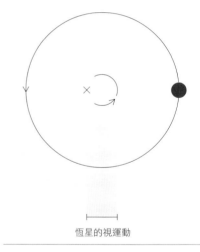

恆星的視運動

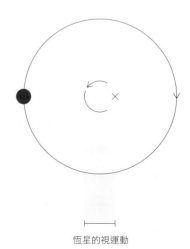

恆星的視運動

● 滴答聲
（Ticks，脈衝星計時法）

最早發現確認的系外行星，都繞行一類號稱「脈衝星」的恆星，這類星體很像燈塔，會發射輻射束。脈衝星的閃光就像精確的時鐘，若測量精確度極高，就能反映脈衝星繞行共同質心所生的變化。採取這種做法所找到的行星著實令人驚訝，因為它們竟然能夠熬過生成脈衝星的爆炸事件。

● 掩映
（Winks，行星凌）

倘若一顆行星的軌道面恰好切過地球，該星就會從它的母星和地球之間通過，這種現象稱為「凌」（transit），於是它就會擋住少量恆星星光。減光數量取決於行星的尺寸；較大的行星會擋住較多光線。每次行星繞行恆星，這種減光作用都會重複出現，因此從每次掩入的相隔時段，就能得知軌道週期。

● 漂移
（Wobbles，徑向速度法）

恆星繞軌運行時，會稍微靠近或偏離我們。當它朝我們移行，都卜勒效應就會讓它的光線稍微朝藍色偏移。當它遠離我們，光線就稍微朝紅色偏移。只要測量恆星光譜，就能測出這種運動，並據此推斷是否有行星。運用這項技術，很容易就能看出較大的行星，因為它們會引發較大的漂移；而運行軌道較小的行星也很容易被找到，因為軌道較小，引發的漂移速度較快。

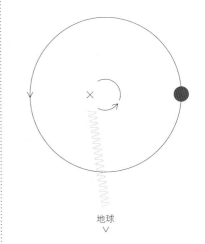

地球
∨

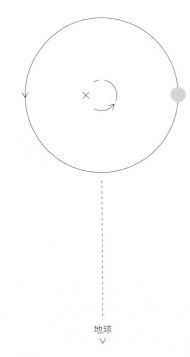

時間 >

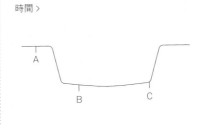

∧
比較明亮

地球
∨

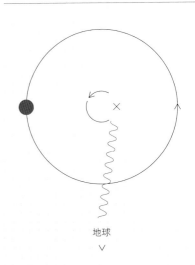

地球
∨

系外行星發現成果

第一顆繞行非太陽之恆星的行星,在一九八九年偵測發現。那次偵測屬於暫定結果,直到一九九二年,才又找到了三顆行星,而且它們繞行的母星還令人跌破眼鏡,竟然是脈衝型中子星。一九九五年又發現了飛馬座51b行星,它環繞類似太陽的恆星運行,也就此開啟了往後發現諸多行星的大門。

二○○九年,航太總署的克卜勒太空船升空,它的任務是以凌星法來尋找行星:尋找繞軌時會遮掩母星光線的行星。結果這趟任務大大成功,目前已知並經過確認的系外行星,超過半數都是這樣發現的。這項任務仍繼續發現行星,由於運作壽限預計延續進入二○一六年,應該還會再發現許多行星。

- 行星凌
- 徑向速度法
- 脈衝星計時法
- 微透鏡法
- 直接成像法
- 天體測量學

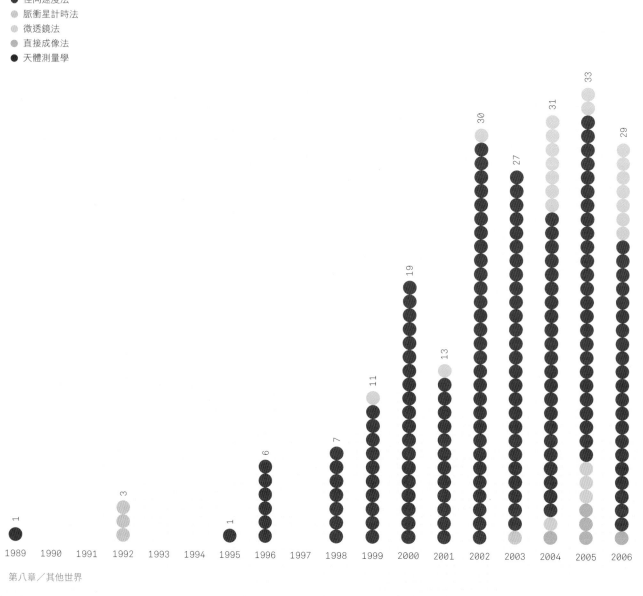

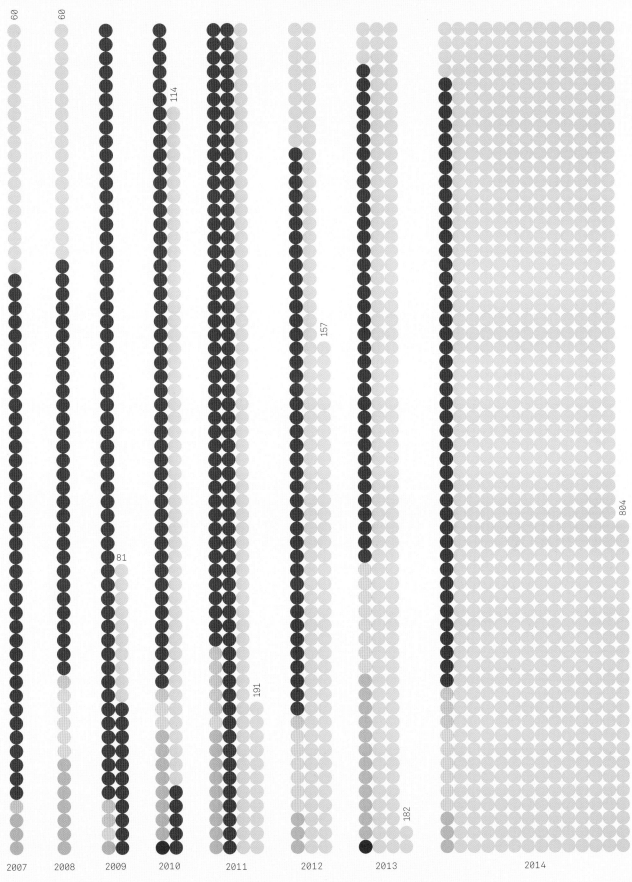

2007   2008   2009   2010   2011   2012   2013   2014

60   60   81   114   191   157   182   804

所有已知系外行星

目前經確認環繞其他恆星運行的行星，已經超過1千8百顆。這個
數字還在迅速增長中，所以等你讀到這段文字時，恐怕已經過時
了。把它們依比例全部擺在一起，我們就可以大略窺知箇中樣貌。
首先我們會注意到大型行星的數量，這是由於許多行星確實都比
木星更大，不過也是因為以人類現有的科技而言，比較容易找到
大型行星。隨著儀器和技術精進，未來人類想必能找到許多地球
尺寸的行星。

- ⬤ 行星凌
- ⬤ 徑向速度法
- ⬤ 脈衝星計時法
- ⬤ 微透鏡法
- ⬤ 直接成像法
- ⬤ 天體測量學

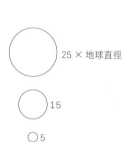

25 × 地球直徑

15

5

• 地球直徑

HD 176051 / 69530 km

Tau Boo b / 74370 km

OGL-2008-BLG-355L / 74370 km

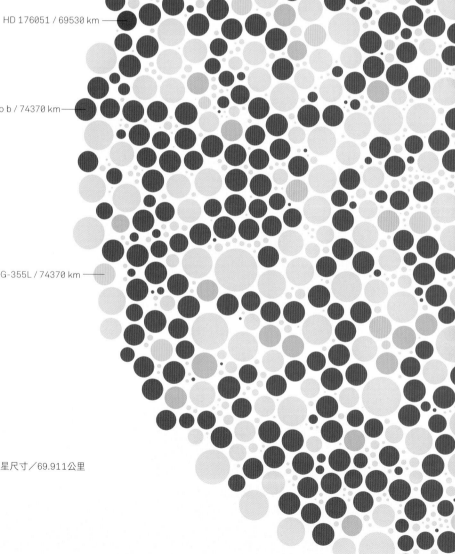

太陽系

木星尺寸／69.911公里

NY Vir c / 74370 km

HAT-P-32b / 145240 km

PZ Tel b / 172560 km

行星系統

目前我們所知行星系的數量已經超過1,180個，許多都和我們的太陽系非常不同，那裡有和母星靠得非常接近的超木星型行星（super-Jupiter）。由於和所屬恆星靠得很近，這種行星肯定十分熾熱，不宜居住。

我們要回答的主要問題是：「是否存在我們（或外星生命）能夠在上面居住的行星？」一顆行星要適合居住，第一個要件是它必須和所屬恆星相隔合宜距離，溫度才不會太高或太低，水也才會呈現為液體狀態。這種可供棲居的範圍稱為「適居帶」（Habitable Zone）。若是過於接近，水就會沸騰蒸散；若是過於遠離，水就會結冰，生命就很難存續。近幾年來，我們已經發現了好幾個看起來有行星位於這個適居帶的太陽系。到目前為止，這些行星環繞的恆星往往都比太陽小，溫度也比較低。

◎ 適居帶
⸬ 地球軌道的尺寸

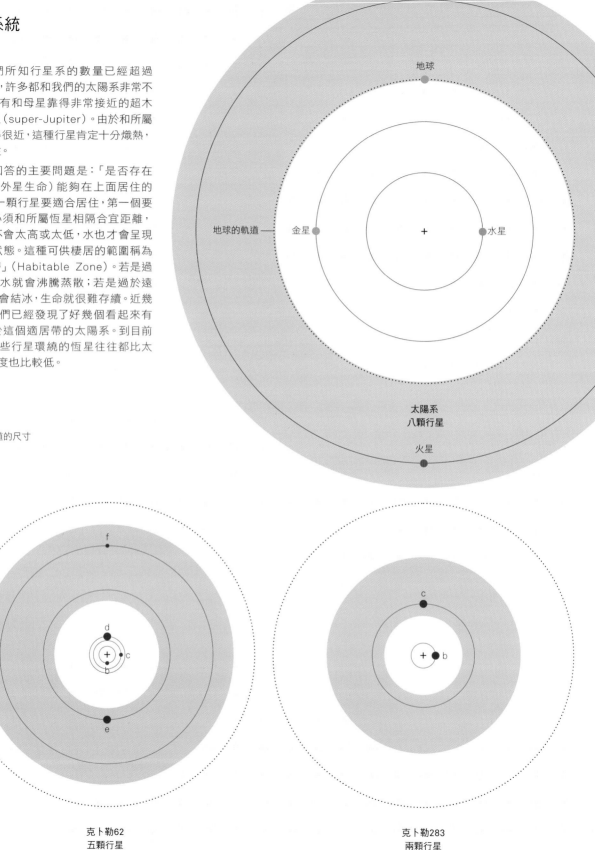

地球

地球的軌道 —— 金星　　　＋　　　水星

太陽系
八顆行星

火星

克卜勒62
五顆行星

克卜勒283
兩顆行星

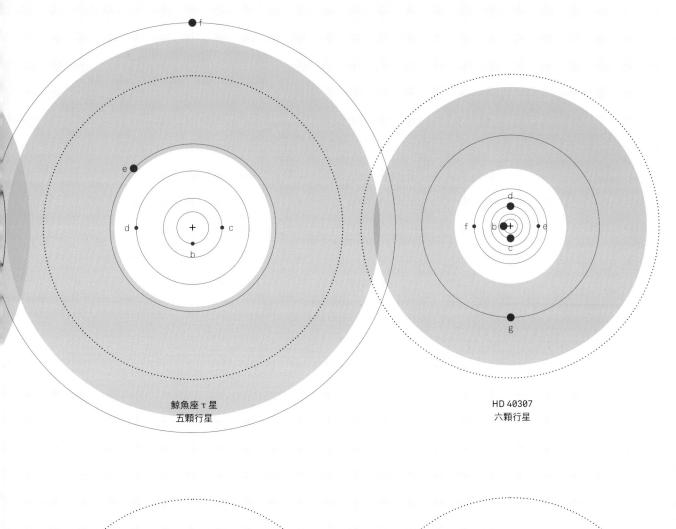

鯨魚座τ星
五顆行星

HD 40307
六顆行星

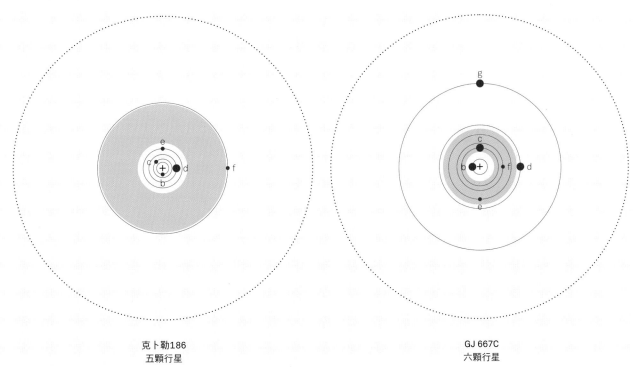

克卜勒186
五顆行星

GJ 667C
六顆行星

類地系外行星

位於適居帶內的行星，表面溫度可供生命存續，但並不代表示它們和地球一模一樣。它們的質量大有可能遠超過地球（像是木星），或者微小得像是穀神星。就人類而言，那裡還必須有容易取用的水分，還有適切合宜的重力，或許還得有堅實的表面。目前我們還沒有解決水的問題，不過我們已經能夠算出許多系外行星約略的表面溫度、表面重力，還有行星是岩質或氣體形式。由此我們便可運用這些數值，粗略估算行星和地球的相似程度。過去二十五年來，我們肯定有了長足的進展。

● 太陽系天體

◖ 系外行星

● 地球直徑
○ 3 × 地球直徑
◯ 10 × 地球直徑
◯ 30 × 地球直徑

∧ 不像地球

重力和密度的組合

HD 40307 g / -46℃ / ●
2.1 g / 1.2 × 密度

克卜勒-283 c / -25℃ /
2.1 g / 1.2 × 密度

GJ 832 c / -20℃ /
1.9 g / 1.1 × 密度

克卜勒-62 e / -12℃ /
1.7 g / 1.1 × 密度

鯨魚座 τ 星 e / 9℃ /
1.7 g / 1.1 × 密度

GJ 682 b / 21℃ /
1.7 g / 1.1 × 密度

GJ 667C c / -27℃ /
1.6 g / 1.1 × 密度

克卜勒-296 e / -6℃ /
1.5 g / 1.0 × 密度

HD 85512 b / 24℃ /
1.6 g / 1.0 × 密度

克卜勒-186 e / 46℃ /
1.3 g / 1.0 × 密度

像地球 ∨

克卜勒-438 b / 3℃ /
1.0 g / 0.9 × 密度

地球 / 15℃ / 1.0 g / 1.0 × 密度 ●

< 恰恰好／像地球

健神星 •

土衛二 •

穀神星 / -106℃ / 0.0 g / 0.4 × 密度 •

土衛八 •

天衛三 •

妊神星 •

海衛一 —

木衛四 •

土衛六 •
木衛三 •
木衛二 •

月球 / -53℃ / 0.2 g /
0.6 × 密度

木衛一 •

木星 / -121℃ / 2.6 g / 0.2 × 密度 ●

土星 / -139℃ / 1.1 g / 0.1 × 密度 ●

火星 / -46℃ / 0.4 g /
0.7 × 密度

水星 / 167℃ / 0.4 g /
1.0 × 密度

天王星 / -197℃ /
0.9 g / 0.2 × 密度 ●

海王星 / -201℃ /
1.1 g / 0.3 × 密度 ●

克卜勒-62 f / -72℃ /
1.4 g / 1.0 × 密度

GJ 667C f / -52℃ /
1.4 g / 1.0 × 密度

GJ 667C e / -84℃ /
1.4 g / 1.0 × 密度

克卜勒-186 f / -85℃ /
1.1 g / 0.9 × 密度

金星 / 457℃ / 0.9 g /
0.9 × 密度

溫度

太熱或太冷／不像地球 >

我們是孤單的嗎？

截至目前為止，我們還沒有在宇宙其他地方發現生命。這並不表示我們就是宇宙間唯一的生命；太空很大，而且我們才剛開始探尋。

一九六一年，電波天文學家法蘭克·德雷克（Frank Drake）提出一個方程式，以此估計有可能與我們交流的銀河系內智慧文明的數量。這個方程式可以用來幫助我們思考，生命需要什麼東西才能存續。方程式首先計算出適合萌發生命的恆星

和行星的出現機會，接著再試行估算出，生命有多高的機率，能發展到自行決定讓其他生命知道自己存在的程度。自方程式提出多年以來，我們已經能夠更妥善估算這當中的部分數值，然而，文明能夠存續多久仍是其中不確定性最高的數字。我們進入與外界通訊的狀態還不到一個世紀。我們還能存在多久而不自我毀滅？

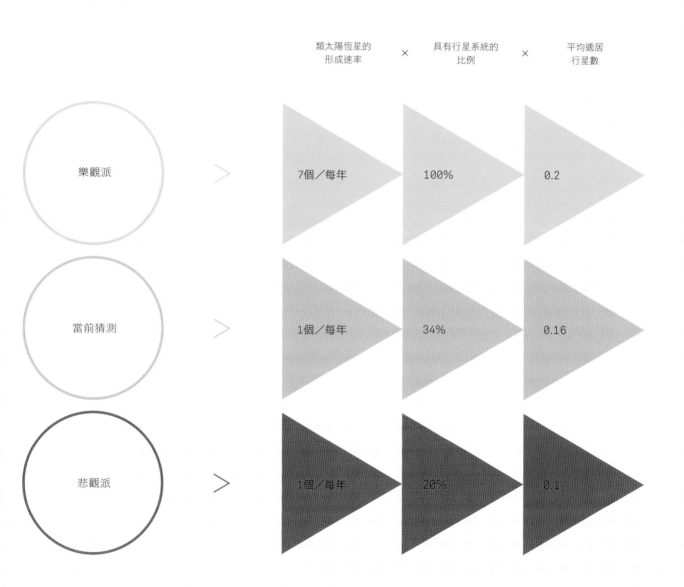

	類太陽恆星的形成速率	×	具有行星系統的比例	×	平均適居行星數
樂觀派	7個／每年		100%		0.2
當前猜測	1個／每年		34%		0.16
悲觀派	1個／每年		20%		0.1

限制因素

方程式做了好幾項假設，其中不可不提的一點是，必須有類太陽恆星和行星，才能產生生命。

這有可能太過限縮。近幾年來，我們發現洋底深海熱泉周圍有生命存續。熱泉能提供生命所需能量和養分，那裡的生命，說不定完全毋須仰賴太陽。這相同歷程也可能在土衛二和木衛二上重演，不過能量是出自它們和母星的潮汐互動。

生命是不是還需要行星或衛星？實驗顯示，微小的緩步動物在極大溫差範圍、高劑量輻射，甚至真空太空中都能存活。基本生命能應付十分嚴苛的環境，極端程度遠超過我們先前的假設。

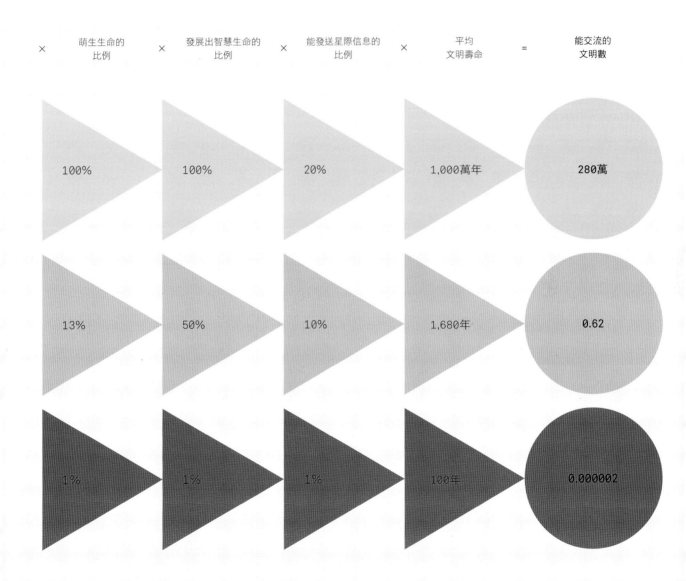

×	萌生生命的比例	×	發展出智慧生命的比例	×	能發送星際信息的比例	×	平均文明壽命	=	能交流的文明數
	100%		100%		20%		1,000萬年		280萬
	13%		50%		10%		1,680年		0.62
	1%		1%		1%		100年		0.000002

從地球寄來的明信片

我們發射的太空船若最終會離開太陽系，裡面就會擺進一些信息，向找到它們的任何外星人致意。兩艘先鋒號太空船（先鋒10號和11號）都搭載了陽極氧化鍍金鋁板，上面有琳達·薩根（Linda Salzman Sagan）、卡爾·薩根（Carl Sagan）和德雷克的藝術創作。

兩艘航海家探測船（航海家1號和2號）帶的是金質唱片，但我們的探測船沒有一艘能在許多萬年之間抵達其他恆星系統近處。外星人能不能破解信息？你能嗎？

先鋒號鋁板
寬229 mm × 高152 mm

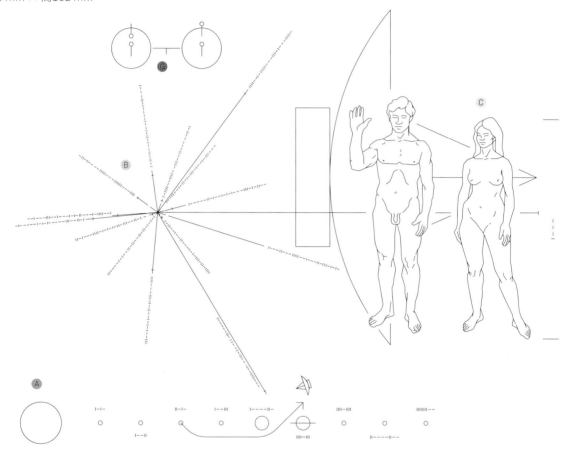

A 太陽系

為太陽系圖示，並以一條曲線來代表太空船的路徑。軌跡上的「箭頭」始終引人爭議，因為這個符號源自我們營「狩獵—採集」生活的過往歷史，外星人有可能看不懂。還有星體位置並不依比例尺描繪，有可能引人誤解，況且它們也不全都是最大的星體。

B 脈衝星圖

顯示十四顆脈衝星和太陽的相對位置，且圖中直線長度代表其相對距離。線上的符號採二進制表示法，代表各脈衝星在升空當時的旋轉頻率與氫原子頻率的相對比值。朝右的水平線標出銀河系中心位置。

C 人類男女

為人類和太空船的等比例代表圖像。對外星人來說，人類描述有可能比較不好破解。

航海家金唱片

直徑305 mm

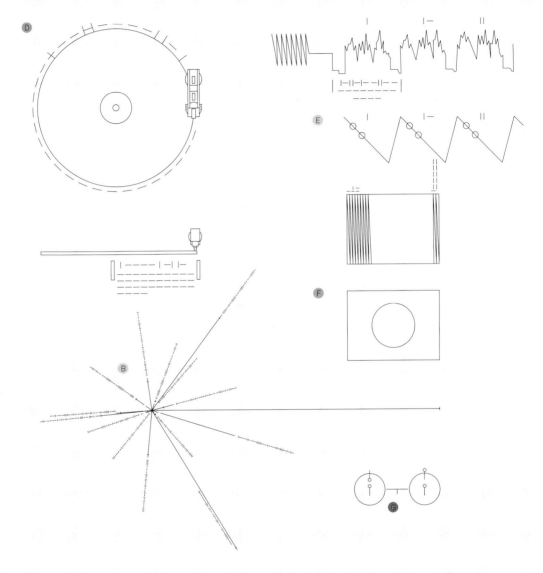

D 播放說明

為俯視圖和側視圖，分別呈現金唱片和就播放位置的密閉式唱針。唱片周邊是一組二進制符號，代表與氫原子相關時間比對的播放速度。

E 視訊信號

這些插圖說明重現視訊信號的機械作用。第一部分顯示播放唱盤生成的波形。長方形部分是說明，如何以二進制編碼呈現512條垂線，從而建構出視訊。底下的長方形呈現一個圓圈，也就是外星人解碼成功後會顯現的第一幅視訊。

F 內容

視訊含116幅影像以及地球的種種不同聲音，包括巴哈和查克·貝里（Chuck Berry）的音樂作品。

G 氫原子

顯示宇宙間最常見元素氫原子的能量躍遷。這牽連到一個頻率（1420.406百萬赫）和一個波長（21 cm），也為影像的其他部分提供一個參照尺度。

地球來電

一九七四年，阿雷西博電波望遠鏡的電波天文學家，朝梅西爾13球狀星團方向放送了一幅圖像。那個星團約含30萬顆恆星，位於武仙座方向2萬5千光年之外。

傳輸頻率接近2,380百萬赫，分採稍微不同的兩個頻率輪替發送，構成二進制碼。總共發出了1,679個二進制數字。這個字數是特別選定的，等於兩個質數的乘積。我們期望外星人會認出這個數的特性，然後把信息排成一幅23×73像素的圖形；就算外星人能夠想出如何呈現圖像，他們還是得釐清圖形代表什麼意思。我們完全不知道，這對他們究竟有多難。對人類來説，這確實不簡單，況且這還是我們自己發出的信息。

不幸的是，那座星團在往後2萬5千年間會移動位置，所以不管那裡有什麼文明，這道信息都無法傳過去，我們當然無法期待會很快接到回訊。

1到10的二進制數字。

DNA組成元素之原子序的二進制代表符號，包括：氫、碳、氮、氧和磷。

代表DNA各化學基本原料的公式組。

人類基因組DNA雙螺旋圖像，含核苷酸數。中間圖案為其二進制編碼。

人和DNA股相連的圖形。人類總數列在右邊（發訊當時為40億人）。

太陽系圖示，地球的位置較高，並與人類對齊。

波多黎各阿雷西博碟形天線圖，天線尺寸寫成二進制。

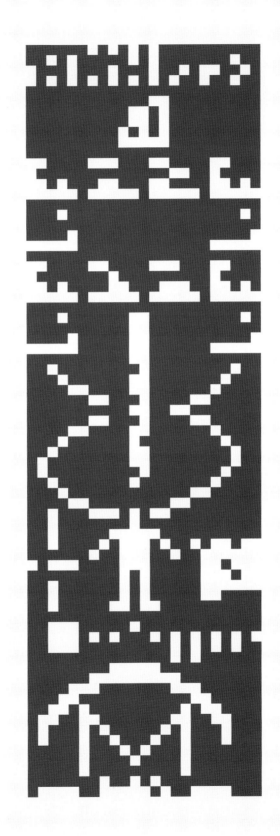

光球

我們的電視和無線電廣播，全都有部分信號會洩漏進入太空。
這些信號以光速向我們四面八方通行無阻發送出去，形成一個
擴張球體。理論上，擁有靈敏電波望遠鏡的外星文明，都能接
收、監聽我們的廣播節目。那裡的狂熱外星迷，對地球史的認
識會有時代落差，相隔多久就看他們距離多遠而定。

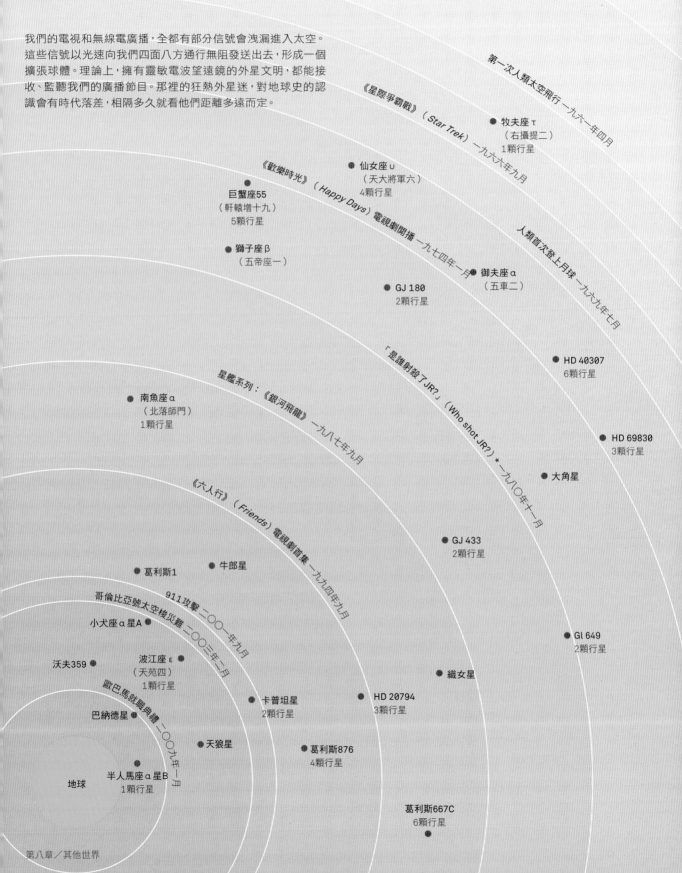

第一次人類太空飛行 一九六一年四月

《星際爭霸戰》（Star Trek）一九六六年九月

● 牧夫座 τ
（右攝提二）
1顆行星

《歡樂時光》（Happy Days）電視劇開播 一九七四年一月

● 仙女座 υ
（天大將軍六）
4顆行星

● 巨蟹座55
（軒轅增十九）
5顆行星

● 獅子座 β
（五帝座一）

人類首次登上月球 一九六九年七月

● 御夫座 α
（五車二）

● GJ 180
2顆行星

● HD 40307
6顆行星

星艦系列：《銀河飛龍》一九八七年九月

「是誰射殺了 JR?」（Who shot JR?）* 一九八〇年十一月

● 南魚座 α
（北落師門）
1顆行星

● HD 69830
3顆行星

● 大角星

《六人行》（Friends）電視劇首集 一九九四年九月

● GJ 433
2顆行星

● 牛郎星

● 葛利斯1

911攻擊 二〇〇一年九月

哥倫比亞號太空梭災難 二〇〇三年二月

● Gl 649
2顆行星

● 小犬座 α 星A

● 波江座 ε
（天苑四）
1顆行星

● 織女星

● 沃夫359

歐巴馬就職典禮 二〇〇九年一月

● HD 20794
3顆行星

● 巴納德星

● 卡普坦星
2顆行星

● 天狼星

● 葛利斯876
4顆行星

地球

● 半人馬座 α 星B
1顆行星

● 葛利斯667C
6顆行星

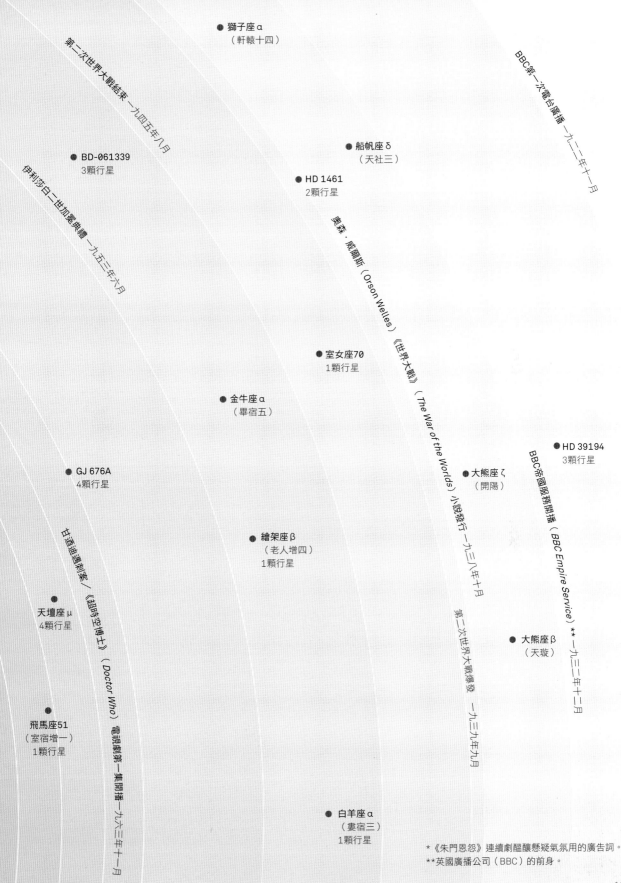

● 獅子座α
（軒轅十四）

● 船帆座δ
（天社三）

● HD 1461
2顆行星

● BD-061339
3顆行星

● 室女座70
1顆行星

● 金牛座α
（畢宿五）

● HD 39194
3顆行星

● GJ 676A
4顆行星

● 大熊座ζ
（開陽）

● 繪架座β
（老人增四）
1顆行星

● 天壇座μ
4顆行星

● 大熊座β
（天璇）

● 飛馬座51
（室宿增一）
1顆行星

● 白羊座α
（婁宿三）
1顆行星

第二次世界大戰結束 一九四五年八月

伊利莎白二世加冕典禮 一九五三年六月

BBC第一次電台廣播 一九二二年十一月

奧森‧威爾斯（Orson Welles）《世界大戰》（The War of the Worlds）小說發行 一九三八年十月

BBC帝國服務開播（BBC Empire Service）** 一九三二年十二月

第二次世界大戰爆發 一九三九年九月

甘迺迪遭刺案／《超時空博士》（Doctor Who）電視劇第一集開播 一九六三年十一月

* 《朱門恩怨》連續劇醞釀懸疑氣氛用的廣告詞。
** 英國廣播公司（BBC）的前身。

197

搜尋地外文明計畫是被動偵聽外星生命信息的活動，向地外文明發送信息計畫則正好相反；告訴整個宇宙：「我們在這裡！你們並不孤單！」除了電視和電台廣播非蓄意外送的微弱專訊之外，過去幾年期間，還有幾次刻意向特定目標嘗試傳信的事例，都源自學術界和商務機構。我們最早的接觸信息，內容無疑有很大的落差。

1974年，阿雷西博信息／抵達年代：26,974年

1983年，牛郎星信息／1999年

1986年，磨盤山雷達（Millstone radar）信息
／2020－2021年

1999年，宇宙的呼喚／
2051－2069年

2001年，青少年的信息／2047－2070年

2003年，宇宙的呼喚2／2036－2049年

2005年，克雷格列表
（Craigslist）／沒有傳抵年代

2008年，從地球捎來的信息／2028年

2008年，飛越宇宙
（Across the Universe）／2439年

2008年，多力多滋（Doritos）
廣告／2050年

2009年，地球來打招呼／2029年

2009年，RuBisCo／2021－2039年

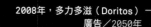

2012年，哇！回訊／2052－2163年

2013年，孤獨信號／2031年

1974年，阿雷西博信息
一幅23×73像素圖形，朝梅西爾13球狀星團發出（26,974年抵達）（1,679位元）

1983年，牛郎星信息
（可能為杜撰）日本天文學家朝牛郎星發出十三幅71×71像素圖形（1999年抵達）

1986年，磨盤山雷達信息
（可能為杜撰）發往波江座ε和鯨魚座τ以及另外兩顆恆星的無線電信息（2020/2021）

1999年，宇宙的呼喚
以特種語言撰寫的簡短「百科信息」發往四顆類似太陽的恆星（抵達年代：2051/2057/2067/2069）（370,967位元）

2001年，青少年的信息
一段十四分鐘的特雷門（theremin）演奏音樂和聲音、圖像與文字，內容由俄羅斯各地青少年擇定，發往六顆類似太陽的恆星（抵達年代2047/2057/2057/2059/2059/2070）（648,220位元）[待確認]

2003年，宇宙的呼喚2
也是一組文字、圖像、音樂和視訊選集，發往五顆類似太陽的恆星（抵達年代：2036/2040/2044/2044/2049）

2005年，克雷格列表
出自craigslist.org的13萬則分類廣告，發往開放天空（沒有抵達時間）

2008年，從地球捎來的信息
從社交網站Bebo遴選的501則信息，發往葛利斯581c（抵達年代：2028）

2008年，飛越宇宙
美國航太總署向北極星發送披頭四的歌曲《飛越宇宙》（抵達年代：2439）

2008年，多力多滋廣告
一則多力多滋廣告，發往恆星大熊座47（天牢三）（抵達年代：2050）

2009年，地球來打招呼
25,880則簡訊，發往葛利斯581星d（抵達年代：2029）

2009年，RuBisCo
一組遺傳密碼，代表一種能用來進行光合作用的蛋白質，發往三顆恆星：蒂加登星、GJ 83.1和鯨魚座κ星1（抵達年代：2021/2024/2039）

2012年，哇！回訊
2萬則國家地理雜誌的網友推特文，發往三顆恆星：巨蟹座ρ、雙子座37和HIP 34511（抵達年代：2052/2068/2163）

2013年，孤獨信號
144字串公眾信息，發往恆星葛利斯526（抵達年代：2031）

該不該發訊？

這是沒有全球共識的大問題。有些人擔心，這會激勵不友善的先進外星人，心懷不軌前來探訪，持這種見解的人也包括史蒂芬·霍金（Steven Hawking）。不過這類文明反正總會找到我們，所以這層顧慮大概也無庸爭辯了。另有些人呼籲暫停，先經過全球討論，釐清箇中牽連，再決定是否繼續傳信。不過，其實和外星生命第一次接觸，會是種激勵人心的歷史事件，而且也能解答我們的問題：「我們是孤單的嗎？」

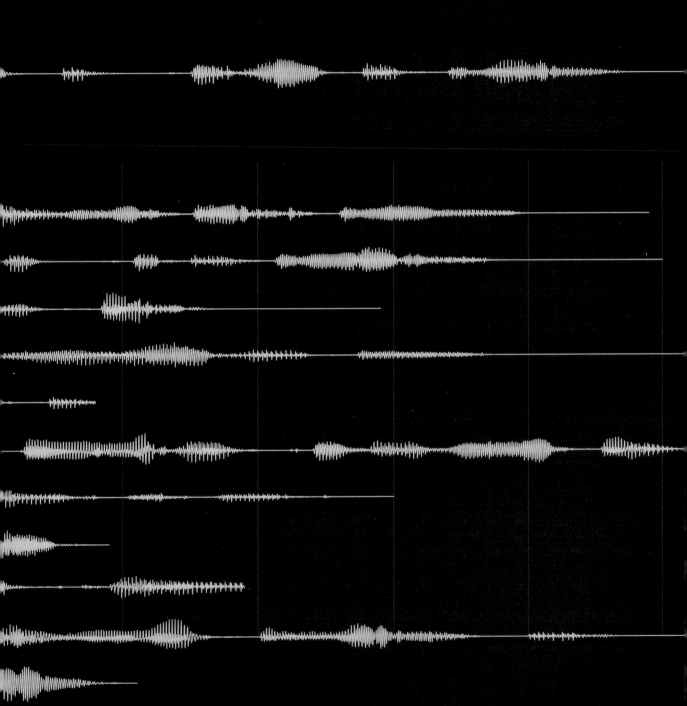

第九章／雜項課題

相對論性效應

一九〇五年，愛因斯坦發表「狹義相對論」（Special Theory Relativity），論證以高速移行的觀測者測得的時間和距離會改變。一九一五年，他延續這項論述並發表「廣義相對論」（General Theory Relativity），陳述重力對光的影響。這些效應在人類尺度上一般都不會注意到，不過在某些情況下，卻有可能變得很重要。

時間膨脹

你究竟是幾歲？愛因斯坦論證，時間並不是個常數。高速移動或身處重力場內人士的時間過得比較慢，不過其中差距都非常微小。一九七一年，約瑟夫·哈斐勒（Joseph Hafele）和理查·基亭（Richard Keating）攜帶原子鐘搭乘商業航機，分別朝反向環球飛行。

因速度變年輕

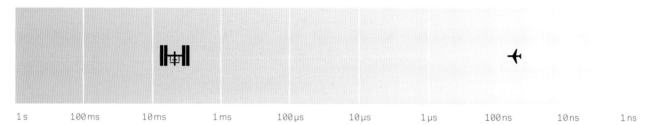

| 1 s | 100 ms | 10 ms | 1 ms | 100 μs | 10 μs | 1 μs | 100 ns | 10 ns | 1 ns |

在國際太空站待六個月
速度／25,500公里時速
軌道高度／410公里
期間：六個月

飛機（東向）
速度／700公里時速
高度／10公里
期間／1.7天

黑洞

廣義相對論預測應該有黑洞。儘管我們未曾直接見過黑洞，卻已經有非常確鑿的證據。銀河系中心的恆星運動肯定是環繞一顆四百萬倍太陽質量的天體運行，然而它卻完全隱匿無形。

重力透鏡效應

愛因斯坦的重力理論還預測，大質量天體會扭曲空間構造，從這類天體附近通過的光線也會彎曲。這有可能讓背景天體看來是位於不同位置；倘若該天體質量夠大，還會生成多重影像。

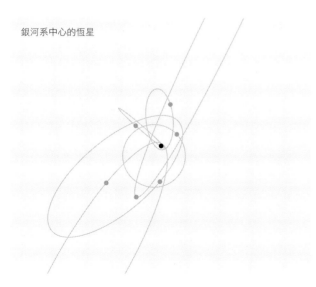

銀河系中心的恆星

重力透鏡效應

地球 ●───── ● A
　　　　　　 ● B
　　　　　　 ● C

● 真正位置
● 視位置（Apparent position）
地球　大質量天體

他們證明真有這種效應，肇因於地球赤道表面以每小時1千6百公里向東移行造成的差距。衛星導航系統必須有非常精密的定時，若未評估及此，這種微小差異就會導致位置偏差達每日一百多公尺。

孿生子悖論

我們考量未來行星際旅行時，這種差異也就遠遠更為明顯。若探險家以十分之一光速旅行，不到四天就能往返海王星，回來時還會比待在地球上年輕二十五分鐘。

因重力變老

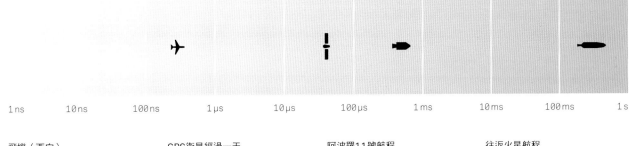

| 1 ns | 10 ns | 100 ns | 1 µs | 10 µs | 100 µs | 1 ms | 10 ms | 100 ms | 1 s |

飛機（西向）
速度／700公里時速
高度／10公里
期間／2天

GPS衛星經過一天
速度／14,000公里時速
軌道高度：20,000公里
期間／1 day

阿波羅11號航程
速度／4,000公里時速
距離地球：38萬公里
期間／8天

往返火星航程
速度／50,000公里時速
距離太陽：0.5天文單位
（78.4百萬公里）
期間／3.4年（在火星上待兩年）

一九一九年，亞瑟·愛丁頓（Arthur Eddington）在一次日食期間觀測恆星，結果發現它們的位置和平常略有不同。儘管光線的視彎曲效應十分微小，那次探勘仍為愛因斯坦理論提出第一項明證。

大質量星系團的作用就像重力透鏡，會放大、扭曲從更遠方天體發出的光線。影像中的背景天體呈弧形，讓我們得以研究宇宙中某些最遙遠的星系。

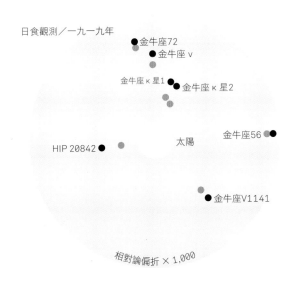

日食觀測／一九一九年

金牛座72
金牛座 v
金牛座 κ 星1
金牛座 κ 星2
金牛座56
HIP 20842
太陽
金牛座V1141

相對論偏折 × 1,000

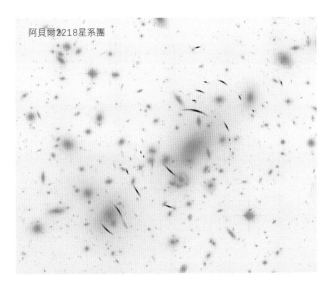

阿貝爾2218星系團

每日一圖

每日一天文圖（The Astronomy Picture of the Day, APOD）網站從一九九五年六月十六日起上線營運。這個網站每天都會貼出一幅不同的太空影像，附帶一篇簡短說明。以下便將APOD網站走過二十年歷史所蒐羅的天體分門別類。

近來APOD也在社群媒體現身。最近的分析顯示，Google+用戶最常分享的APOD影像類別是行星和衛星圖片，而最受臉書和推特用戶歡迎的類別是天空影像。

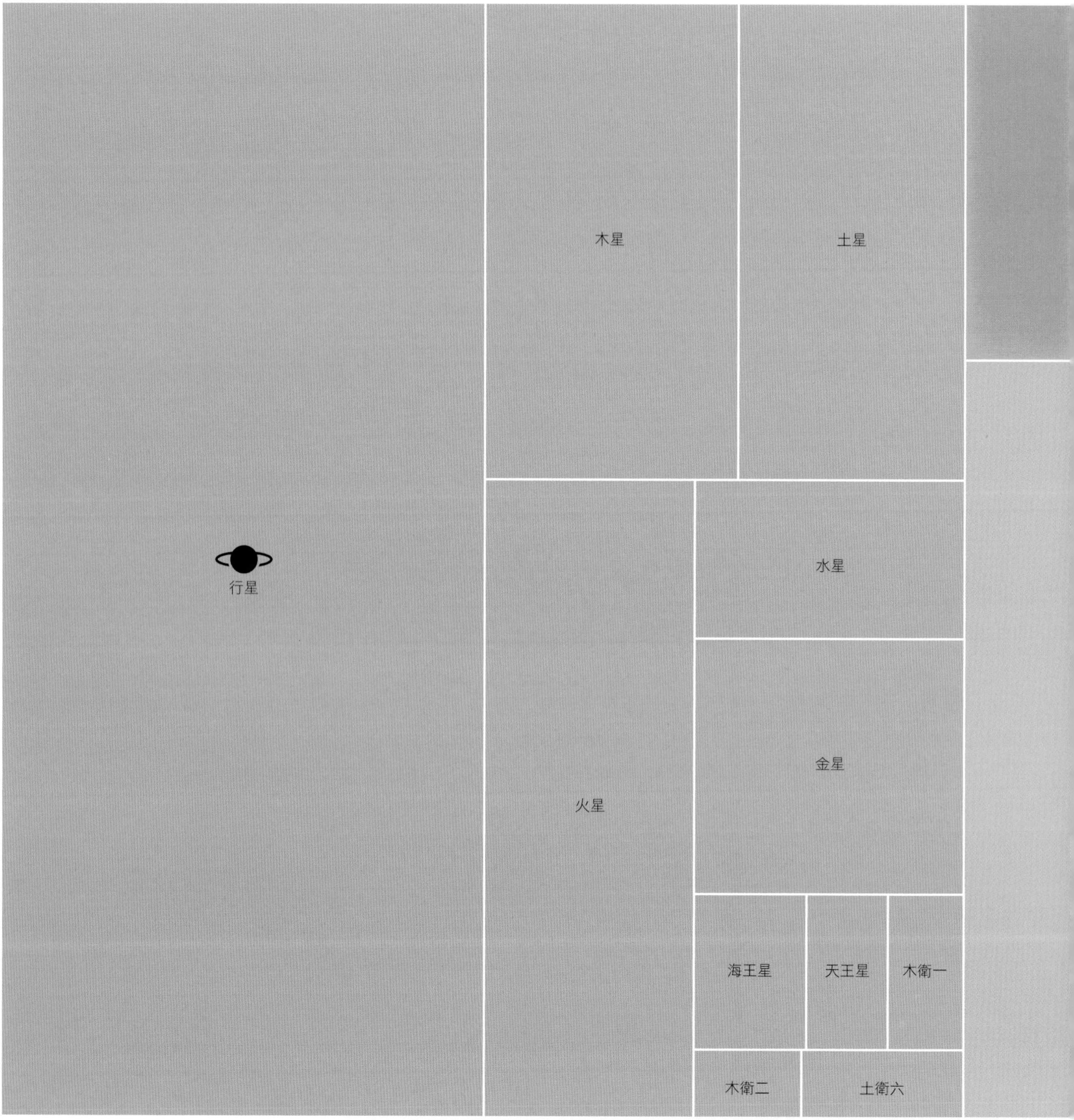

行星

木星

土星

火星

水星

金星

海王星

天王星

木衛一

木衛二

土衛六

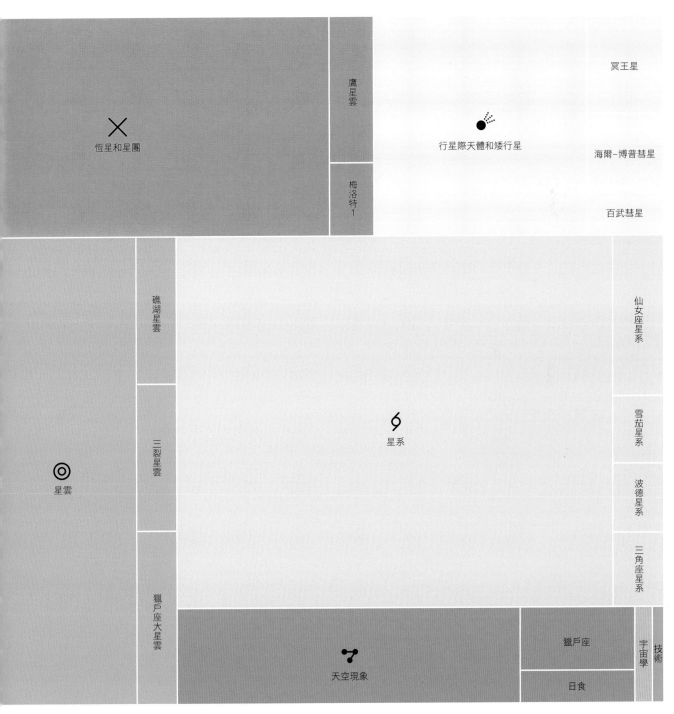

鷹星雲

梅洛特1

恆星和星團

冥王星

行星際天體和矮行星

海爾-博普彗星

百武彗星

礁湖星雲

三裂星雲

獵戶座大星雲

星雲

星系

仙女座星系

雪茄星系

波德星系

三角座星系

天空現象

獵戶座

日食

宇宙學

技術

水世界

地球是太陽系中唯一地表擁有液態水的天體，不過這裡並不是唯一能找到水的地方。就多數情況，好比在火星上，水都凍結成冰，有些位於表面，有些則見於緊貼地表底下的岩層裡。地下冰經陽光加熱，也確實會融化短暫時段，順著坑洞壁面淌流而下，接著便在低大氣壓力情況下蒸發消散。

不過太陽系其他地方，在最令人跌破眼鏡的地方，也找得到水。木衛二表面覆蓋厚冰層，外太陽系許多衛星也同樣如此。由於表面不斷替換，所以我們知道，底下有一片含水海洋。由於木星引發潮汐，產生內熱，所以這片海洋不會凍結。木衛二所含水量，有可能超過地球各海洋總體水量。

土衛二表面底下也含液態水。觀察發現，那顆衛星的南極出現鹽水噴泉，水分也由此散逸。如今我們認為，外太陽系許多大型衛星都存有地下海洋，不過深度和容積全屬未知。

地球／直徑12,742公里

木衛二／直徑3,122公里

30億立方公里的冰殼和地下海洋

14億立方公里的冰、水和蒸汽

750萬立方公里的冰，
還有水蒸氣噴泉

土衛二／直徑504公里

5千立方公里的冰，
分布於兩極和地下永凍層

火星／直徑6,779公里

密度

太空非常空曠。恆星之間的氣體密度為空氣密度的千兆分之一。不過，太空中的天體確實也可能非常緻密。太陽核心五十倍於岩石密度，中子星的密度則高得幾乎無從想像。由於密度

很難想像，我們可以拿一種物質的標準體積有多重來做個比較。這裡採用的標準體積是一桶。

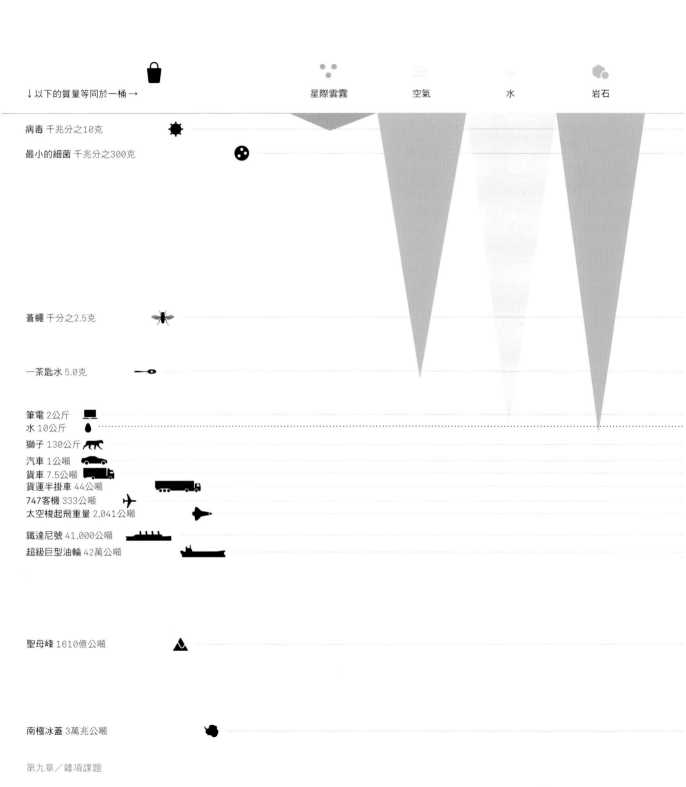

↓以下的質量等同於一桶 →　　　星際雲霧　　空氣　　水　　岩石

病毒 千兆分之10克

最小的細菌 千兆分之300克

蒼蠅 千分之2.5克

一茶匙水 5.0克

筆電 2公斤
水 10公斤

獅子 130公斤

汽車 1公噸
貨車 7.5公噸
貨運半掛車 44公噸
747客機 333公噸
太空梭起飛重量 2,041公噸

鐵達尼號 41,000公噸
超級巨型油輪 42萬公噸

聖母峰 1610億公噸

南極冰蓋 3萬兆公噸

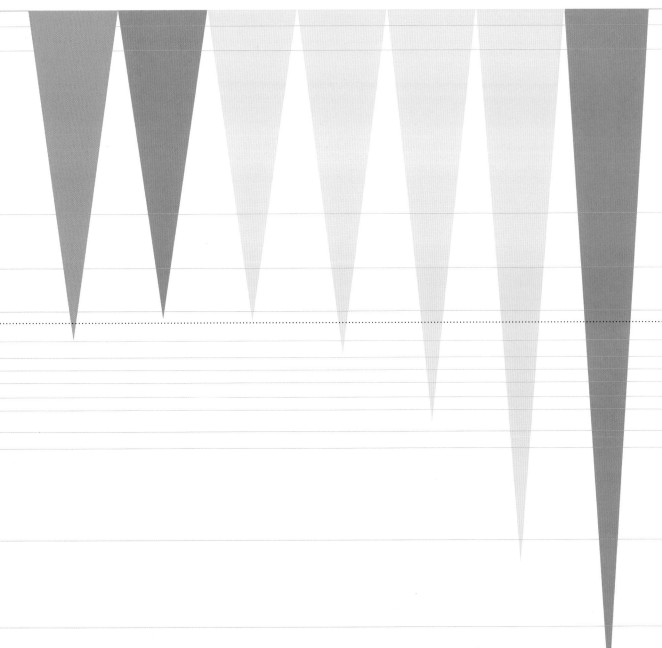

基礎建材

宇宙幾乎完全由氫和氦組成，兩種成分都是在大霹靂後幾分鐘內形成。後續世代的恆星生成了較重元素，不過數量相對較少，而且太陽和太陽系中也都含有這些元素。

隨著行星逐一形成，較輕元素都被推到外側，留下氧、碳和矽一類元素來形成內行星群。地球的鐵等重元素都已經沉入核心，外殼則主要以矽和氧構成。

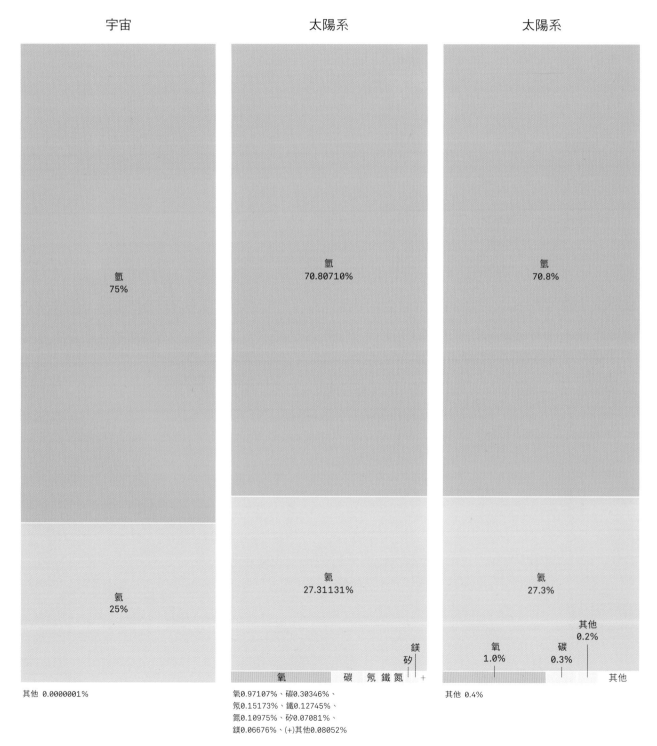

宇宙

氫
75%

氦
25%

其他 0.0000001%

太陽系

氧
70.80710%

氦
27.31131%

鎂
矽
氧　　碳　氖　鐵　氮　+

氧0.97107%、碳0.30346%、
氖0.15173%、鐵0.12745%、
氮0.10975%、矽0.07081%、
鎂0.06676%、(+)其他0.08052%

太陽系

氧
70.8%

氦
27.3%

其他
0.2%

氧
1.0%

碳
0.3%

其他

其他 0.4%

海洋據信是小行星和彗星衝撞形成的，它們也把部分較輕元素送回地球表面。我們都是以形成地球的相同元素構成，只是比例稍有不同。我們的DNA是以碳、氧、氮、氫和磷所構成，而碳則是強健骨頭的要素。除了氫之外，這所有元素都是在恆星中形成的——我們是貨真價實的星塵！

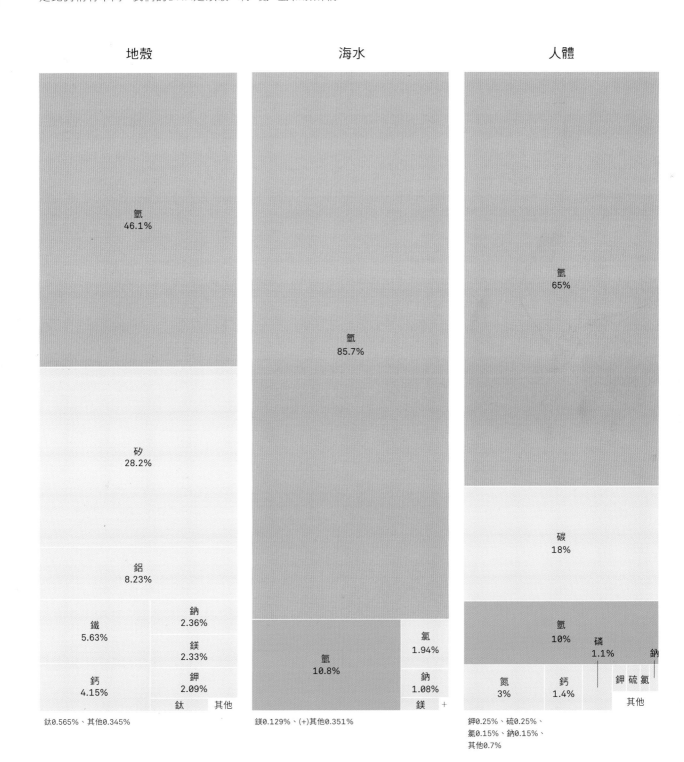

地殼

氧
46.1%

矽
28.2%

鋁
8.23%

鐵
5.63%

鈉
2.36%

鎂
2.33%

鈣
4.15%

鉀
2.09%

鈦　其他

鈦0.565%、其他0.345%

海水

氫
85.7%

氧
10.8%

氯
1.94%

鈉
1.08%

鎂　+

鎂0.129%、(+)其他0.351%

人體

氧
65%

碳
18%

氫
10%

磷
1.1%

鈉

氮
3%

鈣
1.4%

鉀　硫　氯

其他

鉀0.25%、硫0.25%、
氯0.15%、鈉0.15%、
其他0.7%

一天有多長？

你會不會覺得今天過得很慢？也許真是這樣。一標準日的定義是地球旋轉一周所需時間，並制訂為86,400秒。然而，地球的自轉並不是恆定的；有時會稍快一些，有時則轉得稍慢。舉例來說，印尼在二〇〇四年發生地震，把大段地殼板塊稍微向內引動，也把一天時間縮短了2.7微秒（microsecond）。反過來講，月球引發的潮汐則讓地球轉速稍緩，每年都把一日拉長

了約15~20微秒。所以國際地球自轉和參考系服務（IERS）所屬地球定向中心，便使用原子鐘和遙遠類星體的電波觀測結果，來測定一日的精確長度，於是我們也得以看出它如何隨時間改變。延續幾十年幅度的種種變化，據信是肇因於地核內部的作用歷程所致。至於不到兩年時間幅度的變化，則大體都可以追溯至我們的大氣對地球自轉的影響。

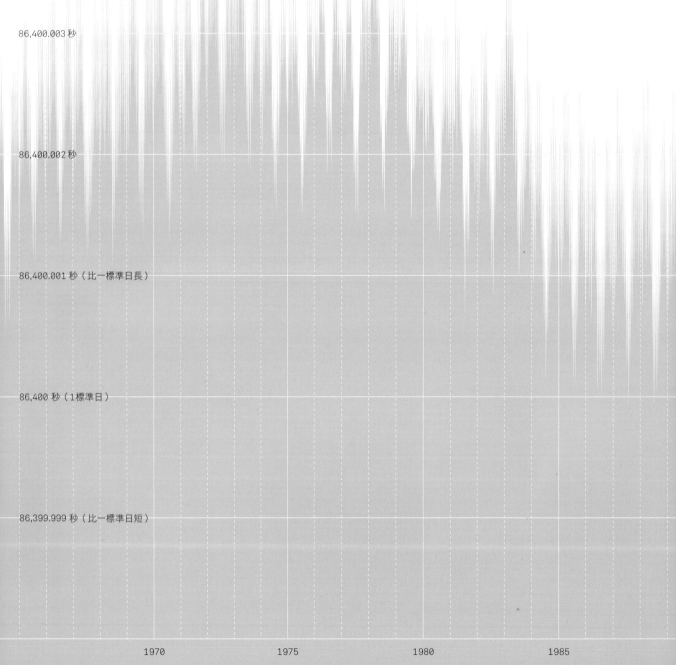

86,400.003 秒

86,400.002 秒

86,400.001 秒（比一標準日長）

86,400 秒（1標準日）

86,399.999 秒（比一標準日短）

1970   1975   1980   1985

最長日紀錄出現在一九七二年四月十二日，當天延續的時間，比標準日長了4.36微秒。當一日比我們的定義長了一毫秒（millisecond）左右，這就會隨時間逐日累積。

幾百天過後，日子就會偏差達一秒。為了讓原子時間和地球相符，我們偶爾也會加上閏秒（leap second）。自一九七二年以來，IERS已經加了25個閏秒。

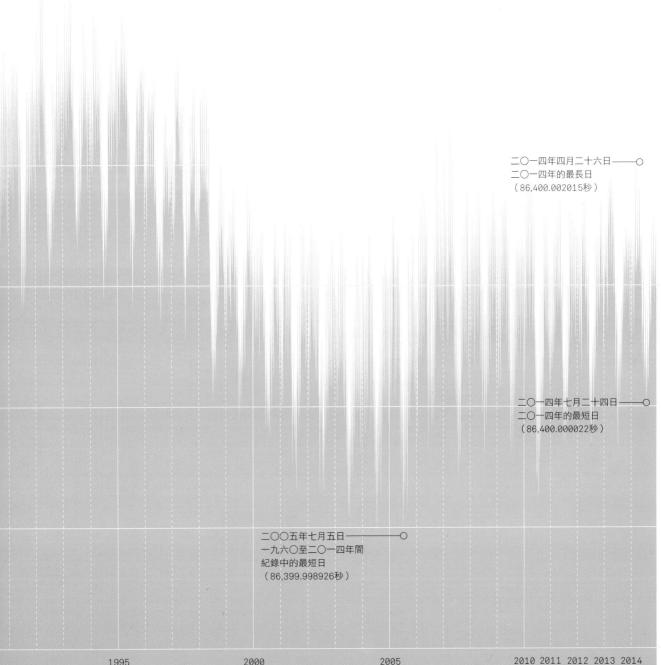

二〇一四年四月二十六日————◯
二〇一四年的最長日
（86,400.002015秒）

二〇一四年七月二十四日————◯
二〇一四年的最短日
（86,400.000022秒）

二〇〇五年七月五日————————◯
一九六〇至二〇一四年間
紀錄中的最短日
（86,399.998926秒）

1995　　　　　　2000　　　　　　2005　　　　2010 2011 2012 2013 2014

識別明確的飛行物體

我們全都見過天空出現了乍看似顯古怪的東西。金星、國際太空站和中國燈籠等單純事物，倘若你對它們並不熟悉，看來都會顯得相當神祕。民眾有時會聯絡當地天文台、大學天文學系，甚至是警方，希望查清他們看到的究竟是什麼東西。通常問幾個問題，用上一點推理和消去法，就能針對這些不明飛行物體提出合理的解釋。真相就在那裡——有可能只是一隻剛起飛的海鷗。

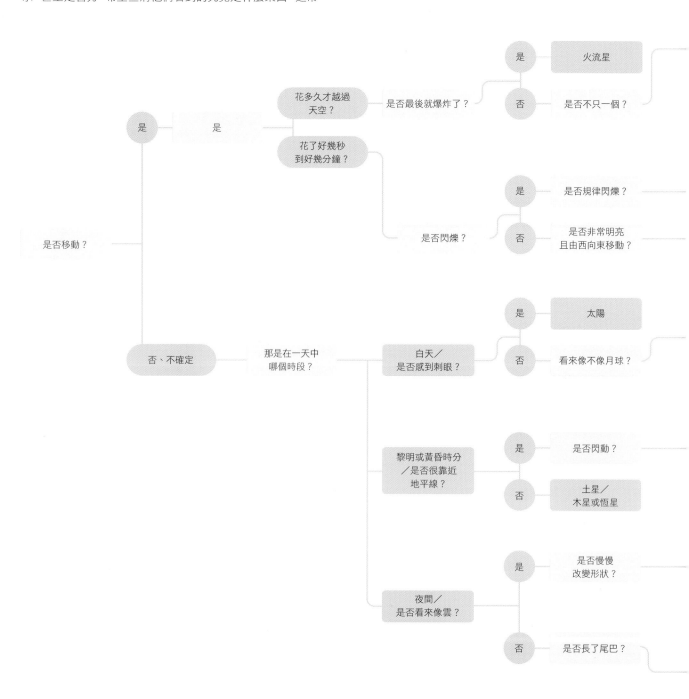

梅西耳星表

查爾斯‧梅西耳（Charles Messier）是個法國天文學家，十四歲時搬到巴黎。他希望找到新的彗星，卻經常重新發現天上的其他疏鬆天體，好比星雲和星團。他不想再在這些天體上浪費時間，便造冊編出一張星表，列出它們的位置。他的星表（他不想觀察的事物之簡單清單）成為他歷時久遠的遺贈之一。

米　星群
◇　疏散星團
◆　球狀星團
◎　星雲
⊗　超新星殘骸
●　星系
ᕍ　螺旋星系
ᔔ　棒旋星系
ᕗ　橢圓星系
⅋　交互作用星系

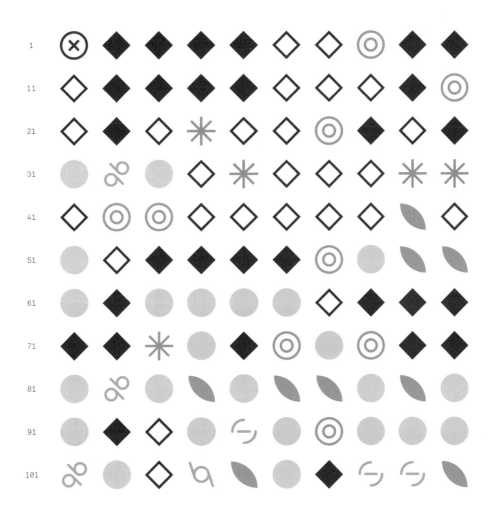

NGC新總表

十九世紀晚期，皇家天文學會要約翰·德雷爾（John Dreyer）編纂一部星雲和星團的新總表（New General Catalogue, NGC）。這是一部很大的天體目錄，取材自許多國家的天文學家使用許多不同望遠鏡所完成的較早期星表和觀測結果。

這部目錄依照天空角度編排，因此相近的條目，一般都可以在夜晚相近時間進行觀測。就NGC 1700-NGC 2500和NGC 6300-NGC 7100兩個天區，依新總表安排都沿著銀河系平面分布，所以這兩個部分所含星團和星雲數量，便遠多過於其他區域。自出版以來，將近六十個天體業經發現其實並不存在，它們要嘛就是消失了，否則就是誤載。

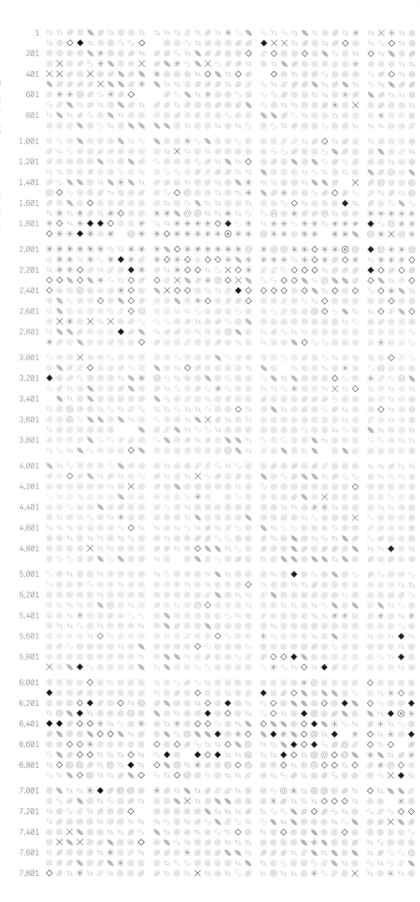

× 恆星
✳ 星群
◇ 疏散星團
◆ 球狀星團
◎ 星雲
⊗ 超新星殘骸
▨ 星系
ʕ 螺旋星系
ɕ 棒旋星系
◗ 橢圓星系
◣ 交互作用星系
ꝋ 消失／不存在（缺口）

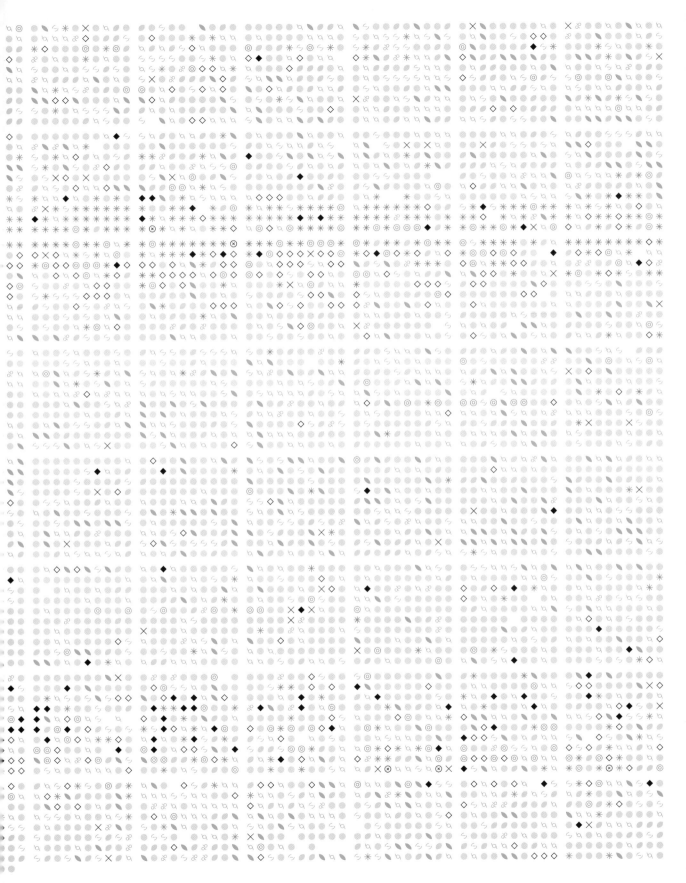

天文學界的無名英雄

很少有天文學家因為他們的發現而出名。底下列出幾位對我
們的宇宙知識做出貢獻，卻依然沒什麼名氣的人士。

薩摩斯島的阿里斯塔克斯
Aristarchus of Samos
310 – 230 BCE

希臘天文學家，第一個提出太陽為太陽系中心
之說。他還指稱，恆星也都是太陽。他曾嘗試
測量月球和太陽的相對距離。

托馬斯·哈里奧特
Thomas Harriot
1560 – 1621

英國天文學家，他是最早使用望遠鏡來觀測月
球的第一人。

瑪麗亞·基爾希
Maria Margarethe Kirch
1670 – 1720

德國天文學家，研究北極光、行星合（planetary
conjunction），並編纂曆書。她是第一位發現彗
星的女性，不過這份功勞卻被她的丈夫拿走。

卡蘿琳·赫歇爾
Caroline Herschel
1750 – 1848

第一位以本人名銜得到彗星發現人榮耀的女
性。她發現了八顆彗星。一七八七年，英王喬
治三世支付她一份薪水，聘請她擔任天文研究
助理。

約翰·古德利克
John Goodricke
1764 – 1786

荷蘭−英國業餘天文學家，提出了食雙星概
念，以此解釋他的大陵五（英仙座β）觀測結
果。

奧本·勒維耶
Urbain Le Verrier
1811 – 1877

勒維耶研究天王星軌道的攝動現象（pertur-
bation）。他使用數學來判定這是肇因於某顆
未知天體，並把他的幾項位置預測，遞交給柏
林天文台的約翰·伽勒（Johann Galle）。伽
勒開始觀測不到一個小時，就發現了海王星。

安吉洛·西奇
Angelo Secchi
1818 – 1878

義大利天文學家，發明了可用來研究陽光頻譜
的太陽攝譜儀（heliospectrograph）。他證明
在日食期間觀測到的凸出物，是太陽的部分構
造（日珥）。他還發現了三顆彗星，並是率先
描述火星「溝」的第一人。

威廉敏娜·弗萊明
Williamina Fleming
1857 – 1911

蘇格蘭−美國天文學家，當年所知新星，約四
成都是她發現的。

安妮·坎農
Annie Jump Cannon
1863 – 1941

美國天文學家，設計出一種恆星分類法，把它
們區分為O、B、A、F、G、K和M等類別。

安妮·蒙德
Annie Scott Dill
Maunder
1868 – 1947

愛爾蘭天文學家，在格林威治皇家天文台工作並投入觀測太陽。她是拍攝食現象的專家，也和丈夫聯手發現太陽黑子數的極小期，如今稱為「蒙德極小期」（Maunder Minimum）。

亨麗愛塔·勒維特
Henrietta
Swan Leavitt
1868 – 1921

美國天文學家，發現了造父變星，為宇宙觀測帶來一種標準燭光。

喬治·勒梅特
Georges Lemaître
1894 – 1966

比利時宇宙學家暨神父，他提出宇宙膨脹說，首先估算出哈伯常數，接著還提出，宇宙的開端是發生在某個時點的爆炸。

弗里茨·茲威基
Fritz Zwicky
1898 – 1974

瑞士天文學家，對天文學眾多領域做出貢獻。他發現了123顆超新星，甚至還協助創造出這個單詞。他針對星系團重力透鏡作用提出預測，比頭一次實際發現日期早了42年。他還是率先投入觀測暗物質之影響的第一人。

西莉亞·佩恩–加波施金
Celia Payne-
Gaposchkin
1900 – 1979

佩恩二十五歲攻讀學位時，在她的博士論文論稱，太陽、恆星和宇宙，絕大多數都是氫構成的。儘管剛開始不為人採信，後來則證明她是對的。

魯比·佩恩–斯科特
Ruby
Payne-Scott
1912 – 1981

澳洲天文學家，也是第一位女性電波天文學家。她廣泛研究太陽，並發現了種種無線電爆發現象。她在歷來第一台電波干涉儀方面扮演重大角色。

格羅特·雷伯
Grote Reber
1911 – 2002

率先打造出第一台拋物線天線碟電波望遠鏡的美國人。他繪製出第一幅電波天圖、辨識確認星系，並發現了仙后座A和天鵝座A等天體。

南希·羅曼
Nancy Grace Roman
1925 –

美國天文學家，後來成為航太總署第一位首席天文學家。她監管三座太陽天文台和三顆天文衛星的發射作業。她曾參與哈伯太空望遠鏡的早期規畫、設計工作。

畢翠絲·廷斯利
Beatrice Tinsley
1941 – 1981

紐西蘭天文學家，研究恆星和星系。她在德州大學只花兩年就拿到博士學位，而且她的論文還為星系演化後續相關研究奠定根基。她的事業生涯廣泛涉獵各種課題。

天體名詞中英對照

1:2共振海王星外天體　twotinos
1999 JU3（小行星162173）　1999 JU3
19P／包瑞利彗星　19P/Borrelly
73p施瓦斯曼-瓦赫曼彗星　73P/ Schwass-mann-Wachmann 3
81P／維爾特2號彗星　81P/Wild
9P／坦普爾1號彗星　9P/Tempel
APL（小行星132524）　APL（*APL=約翰‧霍普金斯大學應用物理實驗室）
QB1天體（傳統古柏帶天體）　Cubewanos

兩劃

七公七（牧夫座δ）　Delta Boötes
人馬座　Sagittarius
人馬臂　Sagittarius arm
十字架一　Gacrux
十字架二　Acrux
十字架三　Becrux

三劃

三角座　Triangulum
三角座星系　Triangulum Glaxy
三裂星雲（三葉星雲）　Trifid Nebula
亡神星（小行星90482）　Orcus
土衛一（彌瑪斯）　Mimas
土衛七（海碧爾琳）　Hyperion
土衛二（恩克拉多斯）　Enceladus
土衛八（伊阿珀斯）　Iapetus
土衛十（傑努斯）　Janus
土衛十一（厄庇墨透斯）　Epimetheus
土衛三（忒堤斯）　Tethys
土衛五（瑞亞）　Rhea
土衛六（泰坦）　Titan
土衛四（狄俄涅）　Dione
大力神星（小行星532）　Herculina
大角星　Arcturus
大陵五（英仙座β）　Algol
大麥哲倫星雲　Large Magellanic Cloud
大熊座　Ursa Major
大熊座47（天牢三）　47 UMa
大熊座β（天璇）　Merak
大熊座ζ（開陽）　Mizar
大衛達星（小行星511）　Davida

四劃

女凱龍星（小行星10199）　Chariklo
小犬座α（南河三）　Procyon

小犬座α（南河三）B　Procyon B
小行星中心　Minor Planet Center
小西坑　Litle west crater
小熊座　Ursa Minor
丹增星（小行星6481）　Tenzing
五車三　Menkalinan
五車五　Alnath
井宿三　Alhena
井宿五（雙子座ε）　Epsilon Geminorum
分子雲　molecular cloud
分子雲脊　molecular ridge
天王星　Uranus
天兔座　Lepus
天社一（船帆座γ）　Gamma Velorum
天社三（船帆座δ）　Delta Velorum
天津一　Sadr
天津四　Deneb
天津增九　P Cygni
天狼星　Sirius
天狼星A　Sirius A
天船三　Mirfak
天球北極　Notth Celestial Pole
天球南極　South Celestial Pole
天樞　Dubhe
天衛一（艾瑞爾）　Ariel
天衛二（烏姆柏里厄爾）　Umbriel
天衛三（泰坦妮亞）　Titania
天衛五（米蘭達）　Miranda
天衛四（奧伯龍）　Oberon
天壇座μ　μ Ara
天鵝座　Cygnus
天鵝61（天津增廿九）　61 Cygni
天鵝座A　Cygnus A
天鵝座X-1　Cygnus X-1
天鵝座超級氣泡　Cygnus Superbubble
天蠍座　Scorpius
孔雀星　Peacock
巴納德星　Barnard's Star
幻日　sun dog
心宿二（大火）　Antares
木星族彗星　Jupiter family comets
木衛一（埃歐）　Io
木衛二（歐羅巴）　Europa
木衛三（甘尼米德）　Ganymede
木衛四（卡利斯托）　Callisto
比鄰星　Proxima
水手號谷（火星）　Valles Marineris

水委一　Achernar
火流星　bolide
火衛一（福波斯）　Phobos
火衛二（得摩斯）　Deimos
火燄星雲　Flame Nebula

五劃

丘留莫夫－格拉西緬科彗星　Churyumov-Ger-asimenko
主小行星帶　main belt asteroids
主序星擬合　main sequence fitting
主星序　main sequence
主環1979 J2R　Main Ring 1979 J2R
仙女座　Andromeda
仙女座υ（天大將軍六）　υ And
仙女座星系　Andromeda Galaxy
仙王座　Cepheus
仙后座　Cassiopeia
仙后座A　Cassiopeia A
加利福尼亞星雲　California Nebula
加斯普拉星（小行星951）　Gaspra
加隆拉地深谷（土衛五）　Galunlati Chas-mata
北河二　Castor
北河三　Pollux
北極星（勾陳一）　Polaris
北極星耀斑　Polaris flare
北極盆地（火星）　Borealis Basin
半人馬座　Centaurus
半人馬座A　Centaurus A
半人馬座αA/B　Alpha Cen A/B
半人馬座α星B（南門二B）　α Centauri B
半人馬座ω　Omega Centauri
半人馬座比鄰星　Proxima Centauri
卡普坦星　Kapteyn's Star
卡塞谷（火星）　Kasei Valles
古柏帶　Kuiper Belt
史恩康納萊星（小行星13070）　Seanconnery
右樞星　Thuban
司法星（小行星15）　Eunomia
司紡星（小行星154）　Bertha
司理星（小行星24）　Themis
司琴星（小行星21）　Lutetia
司賦星（小行星22）　Kalliope
外臂（天鵝臂）　Outer arm
巨星　Giants
巨蟹座55（軒轅增十九）　55 Cnc